奇妙的自然之谜

QIMIAO DE ZIRAN ZHI MI

詹以勤 主编

英佳 霜平 著

广西科学技术出版社

图书在版编目（CIP）数据

奇妙的自然之谜 / 英佳，霜平著. —2版. — 南宁：广西科学技术出版社，2012.6（2020.6 重印）
（少年趣味科学丛书）
ISBN 978-7-80565-676-2

Ⅰ . ①奇… Ⅱ . ①英… Ⅲ . ①自然科学—少年读物 Ⅳ . ① N49

中国版本图书馆 CIP 数据核字（2012）第 138003 号

少年趣味科学丛书

奇妙的自然之谜

英佳　霜平　著

责任编辑 陆媛峰		**封面设计** 叁壹明道	
责任校对 陈业槐		**责任印制** 韦文印	

出 版 人　卢培钊

出版发行　广西科学技术出版社

　　　　　　（南宁市东葛路 66 号　邮政编码 530023）

印　　刷　永清县晔盛亚胶印有限公司

　　　　　　（永清县工业区大良村西部　邮政编码 065600）

开　　本　700mm×950mm　1/16

印　　张　10.875

字　　数　142 千字

版次印次　2020 年 6 月第 2 版第 7 次

书　　号　ISBN 978-7-80565-676-2

定　　价　21.80 元

本书如有倒装缺页等问题，请与出版社联系调换。

代序　致二十一世纪的主人

钱三强

时代的航船已进入 21 世纪，世纪之交，对我们中华民族的前途命运，是个关键的历史时期。现在 10 岁左右的少年儿童，到那时就是驾驭航船的主人，他们肩负着特殊的历史使命。为此，我们现在的成年人都应多为他们着想，为把他们造就成 21 世纪的优秀人才多尽一份心，多出一份力。人才成长，除主观因素外，客观上也需要各种物质的和精神的条件，其中，能否源源不断地为他们提供优质图书，对于少年儿童，在某种意义上说，是一个关键性条件。经验告诉人们，一本好书往往可以造就一个人，而一本坏书则可以毁掉一个人。我几乎天天盼着出版界利用社会主义的出版阵地，为我们 21 世纪的主人多出好书。广西科学技术出版社在这方面作出了令人欣喜的贡献。他们特邀我国科普创作界的一批著名科普作家，编辑出版了大型系列化自然科学普及读物——《少年科学文库》（简称《文库》）。《文库》分"科学知识""科技发展史"和"科学文艺"三大类，约计100种。《文库》除反映基础学科的知识外，还深入浅出地全面介绍当今世界最新的科学技术成就，充分体现了90年代科技发展的前沿水平。现在科普读物已有不少，而《文库》这批读物特有魅力，主要表现在观点新、题材新、角度新和手法新，内容丰富、覆盖面广、插图精美、形式活泼、语言流畅、通俗易懂、富于科学性、可读性、趣味性。因此，说《文库》是开启科技知识宝库的钥匙，缔造 21 世纪人才的摇篮，并不夸张。《文库》将成为中国少年朋友增长知识、发展智慧、促进成才的亲密朋友。

亲爱的少年朋友们，当你们走上工作岗位的时候，呈现在你们面前的将是一个繁花似锦、具有高度文明的时代，也是科学技术高度发达的崭新时代。现代科学技术发展速度之快、规模之大、对人类社会的生产和生活产生影响之深，都是过去无法比拟的。我们的少年朋友，要想胜任驾驭时代航船，就必须从现在起努力学习科学，增长知识，扩大眼界，认识社会和自然发展的客观规律，为建设有中国特色的社会主义而艰苦奋斗。

我真诚地相信，在这方面，《文库》将会为你们提供十分有益的帮助，同时我衷心地希望，你们一定为当好21世纪的主人，知难而进、锲而不舍，从书本、从实践吸取现代科学知识的营养，使自己的视野更开阔、思想更活跃、思路更敏捷，更加聪明能干，将来成长为杰出的人才，为中华民族的科学技术走在世界的前列，为中国迈入世界科技先进强国之林而奋斗。

亲爱的少年朋友们，祝愿你们奔向 21 世纪的航程充满闪光的成功之标。

这本书告诉我们什么

　　人类有文字记载的历史大概已有 5000 年了，在 5000 年的历史中，人类开拓了自己的生存空间，进行着征服自然的伟大使命。现在从天空到海洋，广阔无垠的大地以及地下，一切都向人类敞开了大门。人类对大自然做出了科学的解释，成了大自然的主人。可是当我们对大自然探求得越深入，我们就会发现大自然变得越神秘。许多年来，有成千上万的人曾亲眼看到发生在自己身边的不可思议的现象和事件，有的还在继续发生，而我们却做不出合乎情理的解释，因此这些现象和事件成了一个又一个自然之谜。

　　在本书中，我们向少年朋友们介绍了一部分自然之谜，它们是尚未被人类认识的大自然的奥秘。20 世纪最伟大的物理学家爱因斯坦曾说过，我们所能感受到的最美妙的事物就是奥秘，这是一切艺术和科学的源泉。

　　探索自然之谜，揭开大自然的奥秘，关系着下一个 5000 年的人类文明史，关系着人类的前途。希望少年朋友们看过这本书后，能振奋起揭开自然之谜的勇气和信心，将来为人类文明史谱写出更加灿烂的新篇章。

詹以勤

目 录

出没在陆地上的怪兽

"野人"也许算是陆地上的一种奇异动物吧，其实活跃在陆地上的怪兽还有很多，它们模样奇特，行动方式也很古怪，只不过有幸能见到它们的人不多。

1860 年，在巴西的加勒维斯河岸上，有人看见了一条形似巨大蚯蚓的动物，它身体的直径大约有 1 米，头部长着个猪鼻子一样的器官。当目击者呼唤其他人前来观看时，这个巨虫似的动物立刻钻进地下，地面上留下了一个直径 1 米左右的坑。

1966 年 11 月 15 日晚，在美国西弗吉尼亚州的维勒姆附近，罗基雅夫妇和史蒂夫夫妇同乘一辆敞篷汽车回家。突然在车灯照射的前方出现了一个大动物，罗基雅急刹车，4 个人看到眼前的大动物高不到 1 米，它的眼睛血红，大小像车灯。这个怪物的背部十分奇特，像老鹰一样，腋下生着一对大翅膀。他们连气也不敢出，盯着怪物看了一分钟。那个怪物迅速跑过来，他们吓得魂不附体，开足马力拼命奔驰。那个怪物展开足有 3 米宽的翅膀，在汽车后面紧追了一阵。但是不知什么原因，它没有扑动翅膀，就像在空中滑行一样飞翔着，还发出吱吱的叫声。当地报纸称这个怪物为"蛾人"。

还有人见过"蝙蝠人"，它的翅膀像蝙蝠，有着青蛙那样的脚蹼。那是 1880 年 9 月 12 日在美国纽约的柯尼岛上空和 1966 年 11 月在英

国肯特邵海岸上空，都有不少人亲眼见过这种像青蛙游泳一样在天空飞行的"蝙蝠人"。

在古代神话中，有不少怪兽的描写，比如会飞的喷火龙，希腊神话中的鸟身女妖等。地球上确实曾经存在过能飞的怪物，最有力的证据是飞龙目动物的化石。这种古代爬行动物长着尖利的牙齿和翅膀，双翼展开有 8 米宽。那么上面提到的"蛾人"和"蝙蝠人"会不会是飞龙的后代，或者是某些动物的返祖现象呢？

在美国的新泽西州，有时会出现一种怪兽，人们称它"泽西之魔"。目击者说，这种令人望而生畏的怪兽，像大鹤那么大，它的脖子短而粗，后腿长有蹄子，前脚短，长着爪子。翅膀像蝙蝠，展开不到1米。还有人说它长着马、狗或公羊般的头，有一根细长的尾巴。此外，还有人说，非洲有一种怪兽，外形像是一条会飞的蜥蜴，皮肤光滑，有长满牙齿的鸟嘴，翅膀像蝙蝠，展开后有2米多宽。从这些描述来看，它们很可能是飞龙目动物的远亲。

最早发现"蜥蜴人"的是当地的一位少年，当时他正驾驶一辆汽车经过沼泽地。因为车胎爆了，他下车换轮胎。突然一头怪物向他走来，走路的模样就像人一样，身上长满绿色鳞甲，大约2米高，长着一对红眼睛，每只前肢上有3根手指。从这以后，有更多的当地居民报告说，他们遇到了这种怪物。事情传开后，不少人手拿武器在沼泽地区搜索，希望猎获这种怪兽。不久前，美国南卡罗来纳州比索维尔市的一家广播电台拿出100万美元酬金，准备奖给任何一个抓到"蜥蜴人"的人，无论"蜥蜴人"死活都行。对于绝大多数人来说，"蜥蜴人"只是科幻电影中的怪物。但是对于当地的居民来说，"蜥蜴人"却是实实在在存在的。

1902年，在美国爱达荷州切斯菲尔德附近出现了一头浑身长满长毛的直立怪兽，近3米高，手提一根棍子，把一群在当地湖泊中玩耍的人吓得四散奔逃。这头怪兽的脚印有4个脚趾，长0.5米，宽20厘米左右。

还有一种怪兽也是直立双足行走的动物，长得像野人，但不是野人，因为野人毕竟有着不少近似人类的特征，而且智力比一般大型动物要高。这种怪兽身躯高大，往往在密林或荒无人烟的地区活动，至今为止也没有任何报告说有人活捉了这种怪兽。

有人认为，一些直立怪兽甚至可能与不明飞行物有关。1972年8月，美国印第安纳州发生了一起与不明飞行物出现有关的怪物事件。一天晚上，罗杰斯一家看见一个发光物体在附近一片玉米地上空盘旋，此后他们多次在晚上听见房后院子里有动静。有一次，罗杰斯家里的一名成员还见到一个庞然大物拨开田里的玉米秆走过。还有一次罗杰斯的妻子发觉一个怪物正从窗口往屋里张望，它像人那样用双足站立，但跑起来却四足并用。他们每次都没有看清那个怪物的模样，因为怪物总是在晚上出来活动。罗杰斯一家人都说，这个怪物遍体黑毛，身上有一股死动物或垃圾的臭味，最奇怪的是，那个夜里出没的怪物好像没有实体。罗杰斯一家人从来没有找到怪物走动的脚印，即使它跑到泥泞的地面也不会留下痕迹，好像双足不接触地面似的，经过草丛也无声无息，让人觉得它好像是透明的。

不过这个怪物也不是总没有实体，还有几个农民看见过它，他们发现那怪物经过后，有许多鸡死掉了，但没有被怪物吃掉。有的人家除了发现鸡死了外，还发现草地被踩得一塌糊涂，篱笆墙也破了，猪食槽里的番茄和黄瓜也不翼而飞。一天晚上，有个农民发现那个怪物站在鸡舍门口，把2米多高、1米多宽的鸡舍门堵得严严实实，连鸡舍里的光也透不出来。它的肩膀顶在门框上部，没有脖子，看上去像只大猩猩。它身上的毛很长，带点褐色，就像铁锈的颜色。这个农民看不见怪物的面孔和眼睛，只听到它不断发出咕噜咕噜的声音。这个农民开了枪，当时距离很近，子弹肯定击中了它，但是这个怪物没有一点受伤的迹象，仿佛子弹对它不会造成伤害。

由于陆地上的怪兽活动地区偏僻，很少有人能够见到，当然也不能排除对已知动物的误认。不过从现有的资料分析，的确可能存在着某些人类尚不熟悉、未列入书本的陌生动物，还有待生物学家和考古学家去追寻研究。

尼斯湖怪与蛇颈龙

1987 年 10 月 9 日，在英国的苏格兰北部美丽的尼斯湖上，20 艘安装着先进科学仪器的游艇，开始了一次大规模的科学考察。由英国和美国科学家共同进行的这次科学考察，受到全世界的关注。因为通过这次科学考察，人类有可能弄清尼斯湖中究竟有没有一百多年来人们一直传说的怪兽，如果有的话，它们是什么呢?

人们最早发现尼斯湖怪兽是在 19 世纪初。1802 年秋季的一天，一个名叫亚历山大·麦克唐纳的农民，正在尼斯湖边的田里干活，突然一阵激浪声从湖中传来。他吃惊地抬头朝湖面望去，只见一个说不出是什么模样的怪兽露出了水面，它的鳍又短又粗，象船桨一样划着水，向湖心游去。当时这头怪兽距离这位农民只有 40 多米。

1880 年夏天，更多的人亲眼见到了这个怪兽。一天中午过后，不少游人正在尼斯湖畔乘凉，湖面十分平静，有几条游艇正在湖上慢慢移动。突然，湖面上翻起一阵大浪，一眨眼功夫就把一条游艇掀翻了，游客全部落入水中。当时有人看到一头怪兽出没在大浪中，它长着一个三角形的小脑袋，脖子又细又长，全身黑色，活像传说中的"龙"。随后怪兽迅速潜入水下。从此，发现"尼斯湖怪兽"的消息便传遍了英国。

就在这一年，一个名叫邓肯·麦克唐纳的人潜到尼斯湖底检查一

艘沉船的残骸，可是他刚潜入水中不久，便拼命地发出求救信号，人们赶紧把他拉出水面，那时他已神志不清。在恢复知觉后，他告诉大家，在水下他正要检查沉船的龙骨时，竟发现离他不远躺着一头像巨蛙的怪兽。这头怪兽把他吓坏了。

又过了 50 多年，1933 年 8 月的一天早晨，兽医格兰特骑着摩托车沿尼斯湖边回家，无意间发现一个巨大的怪物趴在湖岸边。格兰特觉得这头怪兽很像已经灭绝的恐龙，就停车仔细观察。怪兽这时发出了哼哼声，似乎在警告格兰特不要靠近，然后便转身钻入湖水之中。当时，当地的乔治·斯比塞夫妇也看到这头巨大的怪兽从湖岸回到水中，在湖面上露出两个驼峰似的脊背。他们说，这头怪兽的皮肤很粗糙，呈浅黑色，脖子细长，能像蛇头那样灵活摆动。它的身长大约 15 米，是人们从未见过的水中巨兽。第二年，尼斯湖的水上法警阿历克斯·坎培尔也发现了这头怪兽。他在尼斯湖畔生活了 50 年，先后 19 次见到了怪兽。

尼斯湖中发现怪兽的事在报纸上登出后，引起了成千上万人的兴趣，他们不远千里来到尼斯湖畔，希望看一眼尼斯湖怪兽的模样。还有的探险家试图捉到这头怪兽。最早来尼斯湖探险的人中有一位名叫哥尔德的英国海军少校，他与四名当地警察一起在湖边守候了20多天，连怪兽的影子也没见到。他后来走访了50多位见过怪兽的人，整理了他们见到的景象，全面描述了尼斯湖怪兽的模样。

1934年，来自伦敦的威尔逊医生终于有机会拍下了第一张尼斯湖怪兽的照片。从照片上可以看到一个长着细长脖子，小脑袋的怪物。尽管有人认为威尔逊医生拍摄的不过是鱼鳍，但是这个发现还是激起了更多人的好奇心。

从英国报纸1933年首次报道尼斯湖怪兽以来，50多年里前后有3000多人声称自己亲眼见到了这头怪兽。许多探险家和科学家还使用各种仪器，获得了有关尼斯湖怪兽的资料。1936年有人拍摄了尼斯湖怪兽活动的第一段影片；1955年还有人拍到了尼斯湖怪兽在湖面上露出两个驼峰的影片。

1972年10月21日，英国退伍军人塞尔驾着一艘橡皮艇在尼斯湖观察，在200米远的地方一头尼斯湖怪兽露出水面，它望着小艇达20秒钟，然后钻入水中，游到小艇的另一侧。塞尔足有30秒钟来拍摄这头怪兽。可是他发现这头尼斯湖怪兽身长只有5米多，有两个驼峰露出水面，又细又长的脖子上长着一个小脑袋，个头比传说中的尼斯湖怪兽小多了。于是人们估计尼斯湖中的怪兽很可能不止一头。

美国应用科学研究院的科学家莱昂斯领导的研究小组，利用水下观测装置对尼斯湖怪兽进行了研究。1972年，他们利用水下照相机拍下了一些令人信服而吃惊的照片：一张照片上显示了一条扁平的鳍，长约2米，呈菱形。1975年6月，他们又拍到了在水下活动的尼斯湖怪兽的躯干和头部。它的身长约6.5米，脖子长2.1～3.7米。后来这几位美国科学家又采用回声探测仪器记录下一头体长15米多的怪兽，身后还有3头小兽。他们还专门训练了两头海豚来追踪尼斯湖怪兽。

海豚是海洋中最有智慧的生物，它们会背着水下摄影机寻找尼斯湖怪兽，并把它们拍摄下来。

多年来，人们不知疲倦地寻找着尼斯湖怪兽，可是除了一些照片、几段影片外，连一个足以证明它存在的物证也没找到，哪怕是一块骨骼。有人对是否存在尼斯湖怪兽产生了怀疑。有人认为，所谓尼斯湖怪兽只不过是湖底漂上来的古老朽木，它们浮出水面后放出了内部气体就会重新沉入湖底。还有人认为，全是人们的错觉，把水獭、鸟、鹿等动物当成了怪兽。

英、美两国科学家在 1987 年 10 月 9 日对尼斯湖进行的科学考察是十分严谨的，他们使用的仪器足以把长几厘米的小鱼分辨出来，所以尼斯湖底的动物无论大小都躲不过去。在 3 天的科学考察过程中，仪器曾 3 次发现"一个巨大的移动物体"，但从电子计算机处理后的图像看，又很难描述它是个什么模样。它可能是条大鱼或别的什么，所以仍难确定尼斯湖中究竟有没有怪兽。

但是更多的人相信，错觉会发生在个别人身上，不可能有那么多人都产生错觉。一些科学家提出，尼斯湖怪兽就是人们认为已经灭绝的蛇颈龙的后代。蛇颈龙出现于 1.8 亿年前，灭绝于 6000 多万年前，是恐龙的一门"远亲"。根据化石分析，蛇颈龙脖子细长，头与躯干相比显得特别小。它的躯体短宽、扁平，有尖利的牙齿，是一种凶猛的肉食爬行动物。在蛇颈龙的腹部有两对鳍足，能划水游动，还能像海豹那样用鳍足支撑身体在陆地爬行。

那么生活在海洋中的蛇颈龙是如何进入尼斯湖的呢？科学家解释，在苏格兰大峡谷中有尼斯湖、洛奇湖、奥斯湖 3 个狭长的湖泊，很久以前，尼斯湖是与海洋相通的，由于大陆漂移，1.2 万年前尼斯湖的入海口被阻塞，于是从海洋进入尼斯湖的一些海洋动物，包括蛇颈龙就被封闭在尼斯湖中。这里食物丰富，环境适宜，又没有可怕的天敌，于是蛇颈龙便在这里生存繁衍下来，而其他海域的蛇颈龙则先后灭绝了。

　　如果这种结论是正确的，那么终有一天我们会见到尼斯湖怪兽的真实面目，揭开这个自然之谜。如果蛇颈龙的后代仍活在世上的话，终究有一天，科学家们会寻到传说中的怪兽。

鸭嘴兽的秘密

被达尔文称为"不可思议的动物"的鸭嘴兽是世界的珍奇动物之一。令人吃惊的是，它能通过感知电场来捕获猎物。

1798 年，英国伦敦动物学会的学者之间爆发了一场激烈的争论，这场争论是由于得到了一张古怪的动物毛皮引起的。这张动物毛皮来自东半球的澳大利亚。在这张毛皮上生着有扁平脚蹼的足和扁平硕大的尾巴以及和鸭子一样的扁嘴。

起初动物学家们怀疑，这张毛皮是有人精心伪造的——把哺乳类动物的毛皮与鸭子的嘴巴缝合在一起，以便冒充珍禽异兽的标本高价卖给博物馆。后来又发现这具标本只有一个泄殖腔，从当时的动物学常识来看，这是产卵的鸟类和爬虫类动物才有的特征。也就是说，它的"身体"也不是哺乳类动物。

1788 年曾随同首批移民船队前往澳大利亚的柯林兹，9 年后返回英国。他在撰写关于新南威尔士殖民地的报告中，称这种动物为"鸭嘴兽"。他写道，这种长着鸭嘴的动物，完全像鸟一样在沼泽地、湖岸觅食，长着脚蹼的足能拨水游动，它还能用长着锐甲的爬子在岸边打洞。柯林兹认为这种动物有两栖类动物的特征。

围绕鸭嘴兽在动物分类学上应有的地位，争论又延续了许多年，到 1800 年才搞清。这种动物尽管长着哺乳类的乳腺，却又是卵生。

1836 年"彼格尔"号在环球航行期间曾停靠在澳大利亚，一个偶然的机会使达尔文亲眼看到了几只鸭嘴兽。他感到这是一种非常奇特的动物。

鸭嘴兽属于仅由三种动物组成的单孔目，其余两种是针鼹类。这种单孔目动物除有产卵的特征外，还具有毒性。单孔目动物的毒腺在雄性的后腿上，足尖中空的趾甲就是毒液的导管。不过，人们至今还不了解这种毒腺的确切用途。如果单孔目动物用后爪一击，就能置小型动物于死地，从这个意义上说，毒腺是用来自卫的。但奇怪的是，为什么雌性单孔目动物身上没有毒腺？于是人们又认为毒腺是雌雄之间争斗的武器。可是属于能够分泌毒液的鼩鼱类哺乳动物的刺猬，这种功能为什么退化了呢？对于这些引人入胜的谜，很多学者都在思考。

不久前英国著名的科学杂志《自然》载文说，科学家发现鸭嘴兽能用喙感知电场，并依据电场来定位。鸭嘴兽的觅食场所在水下，可是它一进水中就会闭上眼睛和耳朵，它凭敏感的扁喙翻开水下的堆积物，捕食甲壳动物和水生昆虫。为了发现猎物的隐藏地点，它还可能利用了嗅觉。鸭嘴兽的鼻孔长在扁嘴的中间，捕获猎物时发挥了作用。

迄今为止，能感知小至微伏极的电压并能凭这种能力捕食的动物有电鱼和一部分两栖动物，还未发现恒温动物有这种能力。为了验证鸭嘴兽有无对电场的感受能力，科学家先在水池中放入 1.5 伏特的微型电池，鸭嘴兽在 10 厘米的距离发现了电池，并用扁喙咬住了电池。接着科学家又把鸭嘴兽置于距离 3 米的两块电极板之间，观察它在不同电压下的反应，发现它能感知 50 微伏/厘米的电场，还能躲开装有电极的塑料板。在鸭嘴兽的饵料——虾的尾上滴上硝酸，由于虾肌肉的运动会在 5 米内产生 0.2 毫伏/厘米的电场，根据计算鸭嘴兽也可感知。也就是说，鸭嘴兽先凭嗅觉确定虾的大致位置，然后再用扁喙来确定虾的确切位置。不过鸭嘴兽感觉器官的详细情况和电鱼及两栖类有哪些不同之处，科学家还未搞清。在人们眼中，鸭嘴兽仍是一种令人百思不解的动物。

水中怪兽之谜

在世界上，类似尼斯湖怪兽的奇特动物，无论在水中还是在陆地上都有发现，它们有的模样奇异，有的来去无踪。我们在这里谈到的水中怪兽，都是多年来有人亲眼看到的，并不是传闻。

最早提到水中怪兽的是挪威传教士伊奇迪。1734年7月，伊奇迪乘船前往格陵兰，在船只驶过戴维斯海峡时，亲眼看到海面上突然出现了一头可怕的海怪，它高高地露出海面，头抬得比桅杆上的平台还高得多。这头海怪的鼻子又长又尖，像鲸鱼一样喷水，长着宽大的鳍状肢，全身像包着一层硬皮，表面布满皱纹。这头怪物的身体下半截像蛇，当它钻回水中时，身体向后翻腾，尾巴露出了海面，它的全身足有那艘船那么长。

1817年8月14日下午，有许多人在美国格洛斯特海港看到了一条巨大的像蛇一样的海洋动物。据目击者说，它的头部足有4只木桶大，身体也有木桶那么粗，人们看到的部分长达十几米。这只怪物的头部颜色很深，头下半部是白色的，肚子也近似白色。当目击者朝它开枪时，它冲过来像是要把船撞翻，不过很快就沉入水中，在几十米外又浮上来，大得异乎寻常。

1848年8月，英国军舰"戴达拉斯"号上的官兵也见到了一条类似的海中怪兽。当时这艘军舰从东印度群岛驶向英国的普里茅斯，8

月 6 日下午 5 点在南大西洋离非洲西海岸几百千米的地方，舰长和军官士兵们，看见一条像蛇模样的庞然大物正随波起伏，不禁吓得目瞪口呆。目击者们估计这条巨大的怪兽，露出海面的部分有 20 米长，头部和颈部一直昂出海面约 1 米多，它的头部以下直径约半米多，背上长长的毛就像马脖子上的鬃毛一样。这个巨大的怪物以二三十千米的时速迅速从"戴达拉斯"号军舰前游过，向西南方游去。

1966 年，英国伞兵部队里奇微上尉和白莱斯中士划着一条长约 6 米的敞篷小船横渡大西洋，在海上足足航行了 92 天，在这期间他们遇见了一件怪事。7 月 25 日凌晨，白莱斯还在熟睡，而里奇微正在机械地划着桨，困得直打瞌睡。突然有一阵响声打破了海面的寂静，小船的右舷传来了呼呼的声音，里奇微一下子惊醒了。他向海中望去，看见一只庞然大物，外形盘绕扭曲，海上的点点波光衬托出它的轮廓。这个海中怪物长达十几米，朝着小船直冲过来，但是到小船边它便潜入水中消失了。里奇微被这突然出现的可怕情景吓坏了，过了一会儿才镇定下来。他回头去寻找那个怪物，但什么也没看见。过了几秒钟，他又听到一阵震耳的击水声，怪物再次浮出水面，然后又钻入了水中。作为一名航海好手，他见过各种各样的海洋动物，其中有鲸鱼、鲨鱼、海豚、飞鱼等，但他从来没有见过这种怪物。他认为自己见到的是一条巨大的海蛇。

在我国东北的天池和西藏的一个湖泊中，也发现了水中怪物。在天池，游览者和附近一个气象站的工作人员都说，他们曾见过天池中的一头怪物，它的头像牛头，但比牛头大得多，嘴扁平像鸭嘴。它游得很快，身后像汽艇那样激起了浪花。西藏有一个湖泊叫文布湖，曾几次出现过一种像恐龙模样的水中怪兽，它们竟然吃掉了正在湖边吃草的牦牛。

在非洲中部刚果盆地的沼泽地中，一百多年来相传也有一种怪兽存在。据刚果的卑格米人说，那个怪物的外观既像大象又像龙，比鳄鱼凶猛得多，美国芝加哥大学的研究员麦考尔和专门研究鳄鱼的专家鲍威尔，1980 年 2 月，专程来到这里进行科学考察。荒僻的丰思多地区，无路可通，遍布丛林沼泽。一位曾经见过怪物的老年土著人告诉他们，45 年前他才 14 岁的时候，有一天他划独木船经过一个河湾，突然看见了一头水怪。那怪物的头像蛇，呈红棕色，脖子长 2～3 米。他不敢细看，连忙划船逃开，但怪物模样已深深印在他的脑海中。当科学家们拿着一本动物图册让他辨认时，他一下子就指着恐龙的图片说，这就是他当时看见的怪物。另一名住在当地的土著妇女也证实确实有这种动物。她说，几天前还有两头怪物从河中走进特里湖。接着两位探险家走遍了水怪可能出没的地区，探索它的踪迹，收集到更多目击者的口述资料。其中最详细的描述来自一名刚果人曼东古。有一次他看见一头水怪从河里冒出来，以致使"河水一下子倒流了"。那里的河水只有 1 米多深，因此怪物的身躯差不多都露了出来。这位刚果人说，他见到了这头怪兽的背、脖子、头、一截长尾巴和短短的脚，头顶上长着一个像鸡冠似的东西。他估计这头怪兽约长 10 米，仅头和脖子就有 2～3 米。麦考尔分析了这些目击者提供的资料后认为，这种水中怪兽虽然很罕见，但毕竟是存在的。1981 年，麦考尔又同一些法国、美国和刚果的科学家一起来到非洲，作了 6 个星期的科学考察。这一次他们发现了大小与象差不多的巨大足迹；还有一处草木倒折的丛林地带，显然是一头巨大的爬行动物走过留下的痕迹。从这以后，又有一些科学家前往这个地区进行科学考察，但是至今还没有人发现或捉住这种怪兽。不过，只要这种怪兽没有灭绝，终有一天我们会找到它。

湖中怪兽如同神话中的动物，披上了一层浓厚的神秘色彩。但我们已经知道，不少互不相识的人都见过这些怪兽，这些怪兽甚至会出现在人群面前，见到的人多达几百。有时怪兽会每天在同一地点露面，仿佛要让人们大开眼界。

那么，这类神秘的动物究竟是什么呢？有一点可以肯定，它们不只是一种，而是有若干种。根据目击者的叙述，可以分出几种巨大的水生动物，其中少数是人们对巨大的鳃鱼的误认，也可能是一种体长达六七十米的大章鱼。而有些像是海蛇的怪物，则有可能是过去人们认为早已灭绝的械齿鲸，科学家们相信现在仍有少数这种鲸鱼存活着。

有些科学家认为，尼斯湖怪可能是蛇颈龙。蛇颈龙是中生代的巨大水生爬行动物，过去被认为早在几千万年前就灭绝了，现在看来这个结论下早了。是不是还存在蛇颈龙的后代？还有待更充足的证据。

水中怪兽给人带来一种既好奇又恐惧的感觉，不管是蛇颈龙，是械齿鲸，还是别的什么水中怪兽，人们往往一看见就吓得走了神，以至忘了使用手中的照相机给它拍照。有些人看见这类水中怪兽跑都来不及，更不用说跟踪它或者捉住它了。有趣的是，人们在谈论这类水中怪兽时却总是津津乐道，好象他们谈论的不是什么可怕的怪物，而是他们偶然看见的一种可爱的小动物。

要揭开水中怪兽之谜，需要人们在遇见奇异的怪兽时沉着镇静，仔细地观察它的特征；如果手中有照相机或摄像机，更不要忘了打开；人手多时，能把它活活地捉住，那就是一个大贡献了。

萨里美洲狮之谜

　　在几百年里，世界各地发现奇异动物的消息层出不穷，近些年这类传说也时有所闻，有的真是令人十分惊讶：某种动物，动物学者早就宣布它绝种不存在了，可是偏偏在偶然情况下被人看到了，而且见过的人不只一个；某种动物本来不应当在发现地生存的，可是这种动物偏偏在那里被人发现了。萨里美洲狮就是实例之一。

　　萨里是英国的一个郡，不光这里就连整个英国都不曾找到出产美洲狮的历史记录。奇怪的事发生了，这种英国本来没有的哺乳动物却在萨里郡出没无常，在一份由警察部门出版的杂志上写道，从1962年9月到1964年8月，人们偶遇这种动物达362次，其他公开出版物上关于发现美洲狮的消息更多。由于学者们很难相信英国南部存在这么一种他们所不知道的大型动物，因此那些目击这种大型野生动物的人常常处境尴尬，因为一直拿不出令人信服的证据自圆其说。但是声称亲眼见过这种野生动物的人毫不怀疑，他们见到的就是美洲狮。

　　1964年9月4日，一个在萨里郡及附近地区密林中采醋栗的人说，他在密林中见到一头浑身长着深褐色杂有浅黄色毛的猫科动物，不算尾巴，长度几乎有2米，这头动物背上还可以清楚地看到黑色纹路。此后，又有人在这一地区的沙土地上，发现了这头动物留下的近

1千米长的一串脚印。9月23日和24日又有新消息传来，有人在森林中发现了一只被咬断脖子的狍子，身上留着猛兽才能抓出的深得吓人的爪痕。在狍子不远处，人们还看到一头牛犊，也是伤痕累累，尽管还没咽气。这头牛犊身上也留下了爪痕。就在第二天，一个汽车司机在驾车驶过这一带时，在公路旁边看到了一头野兽，他一口咬定自己看到的肯定是美洲狮。

1964年10月24日及28日，两名警察也证实，他们在白金汉郡见到过美洲狮。由于此后几个月里，见到美洲狮的目击者越来越多，萨里警察局不得不警告旅游者，警惕猛兽的袭击。

终于有了更惊人的消息，1966年7月5日的伦敦《泰晤士报》载文说，前一天萨里几个警察及其他人目击了美洲狮，当时距这只猛兽有30米左右，它长着一条长尾巴，面部很像猫。在发现这只美洲狮的时候，它正小心地靠近一只兔子并吃掉了这只兔子。整个目击过程达20分钟。目击者根据这只猛兽的大小、花纹判断，毫无疑问，这就是美洲狮。几天后，一家报纸刊登了目击者在现场拍摄到的美洲狮照片，但是并未去过现场也未亲眼见过这只美洲狮的专家们，却根据照片断定，照片上的动物是野猫、狗……而不是什么美洲狮。现场目击者、一名警察反驳道，我十分清醒，能够分清什么是狗，什么是野猫，我想说的是，那就是美洲狮。

直到70年代后期，萨里美洲狮之谜也没有被解开，还是有不少人见到这头有着庞大身躯、奔跑迅速的野兽。像最初发现萨里美洲狮一样，目击者坚定地认为它是存在的，没有见过的人则否认有这种动物存在。那么，萨里美洲狮的发现到底是怎么回事呢？

其实，历史上类似事例还不少。比如有一种百慕大海燕，当地居民认为，这种善于翱翔在海面上的海鸟早在1621年前就被人们打光了，因为此后300年里，谁也没再见过这种海燕。可是1951年，这种一度绝迹的海燕又出现了，还发现了它们的10多个窝。英国人还发现了早在二三百年前就"应当"绝迹的野猪，而且在1976年3月，有人开枪打死了一只野猪，于是争论终于平息。30年代末期，一种本来认为早在3.5亿年前就灭绝了的总鳍鱼，在科摩罗群岛被发现。

萨里美洲狮的故事告诉我们，如果不是哪位宠物饲养者有意放生，也许这只美洲狮还应当呆在笼子里。但是如果排除这种可能，那就说明，在地球上的确还有我们人类尚未认识的动物存在，因为尽管今天人类科学已相当发达，人类的足迹也差不多踏遍了全球。可是事实告诉我们，这个世界上，仍有许多地方是人类未曾涉足的。最近，日本一艘科考潜艇下潜到马里亚纳海沟，居然在1万多米深的海底，发现了一种蟹，这在过去是难以想象的，因为在那么深的海下压力极大，动物是难以生存的，事实打破了这种判断。

　　科学家告诉我们，历史上重新发现已认定灭绝的动物的事例不可胜数，这表明，对于大自然中的某些生存规律我们还不太清楚。因此如果人类在这个星球上又发现了某些过去未被认识的动物，那是完全有可能的。

有"野人"吗

"野人"是一种具有人类特征而又不同于人类的野生动物，多少年来不少国家都曾发现过它们的踪迹，但至今还没有人能捕捉到一个真正的野人。

我国湖北的神农架地区，重峦叠嶂，到处是古木参天的原始森林。几百年来，居住在神农架的人多次见到过野人；在古代的地方志上也有记载，称野人为"毛人"，说它们"遍体生毛"，常出来吃农民养的鸡犬。

近年来，这一带也经常发生居民与野人相遇的事件。1973 年初冬的一天上午，农民谢明高在干完活回家的路上，忽然觉得好象有人在肩膀上拍了一下，他回头一看，吓得魂飞魄散，原来一个野人正怪里怪气地冲他笑着，还伸出一只手想抱住他。谢明高与野人厮打起来，一起滚下了山坡。后来谢明高捡起一块石头朝野人扔去，正砸在野人眼睛上，他才得以逃脱。回家后他因连惊带吓几天没敢出家门。

1976 年 5 月 14 日午夜一点钟左右，神农架林区的 6 名干部开车来到位于房县和神农架之间的一个村子。汽车的前灯突然照到了一个浑身是毛、没有尾巴的野人。当时司机用车灯照着野人，其他人壮着胆子走到距离野人只有 1 米的近处。可是由于他们不了解野人的习性，又没有带武器，只好退回车上，眼看着野人一摇一晃地走了。后来，

这几个干部将这次与野人的遭遇用电报报告了中国科学院。

野人不光在中国有，在其他国家也有。早在200多年前，在美洲的印第安人中就流传着美洲西部的山区有一种身躯高大的人形动物，他们称之为"沙斯会支"，意思就是"大脚"。1924年，一位加拿大的伐木工人曾遭遇"大脚"。有一天早上，他刚在密林深处宿营地醒来，忽然发现四个遍体生毛的"大脚"正好奇地围着他看。其中一个2.4米高的雄性"大脚"和一个2.1米高的雌性"大脚"大概是"父母"，两个小"大脚"可能是它们的子女。它们摆弄着这位伐木工人的水壶、猎枪和其他物品，发出一阵阵怪笑。后来"大脚"们把他和睡袋一起抬走，带到了它们设在深山里的巢穴。"大脚"并没有伤害这位伐木工人。6天后，趁"大脚"没有在意，他才跑了回来。

1977年1月20日晚，美国华盛顿州的一个养猪场里发生了一次枪击"大脚"的事件。当时一个身高2米多、体重足有200千克的长着灰色长毛的"大脚"，正在猪舍里，农场主和守夜人发现后，马上向"大脚"射击。"大脚"中弹后放声大叫，挣扎着逃走了，地上留下了它的大脚印。这个"大脚"共弄死了5头猪。

40多年来，"大脚"逐渐引起了科学界的注意，科学家已掌握了数以千计的"大脚"的脚印石膏模型，还有人拍到了"大脚"的影片。

"大脚"平均身高2.3米，有的高达3米，矮小的也有1.8米高，它们的体重在300千克左右，能直立行走。它们外形像人，长有棕色毛，有的长着灰色、黑色或白色的毛。

有的科学家认为，"大脚"这种动物是一种体型巨大的双足猿类，它们常单独夜间活动。它们肩宽、短脖，面部扁平，鼻子大而平，前额倾斜，模样就像我们在历史博物馆中见过的古代猿人模型。猿人早在几万年前就已经消失了，至少今天课本上是这么说的，那么"大脚"这种动物与人类是什么关系，它们属于哪一类动物呢？

在雄伟壮丽的喜马拉雅山地区也有野人出没的传说，当地人把这种生活在雪峰悬崖间的人形动物称为"耶提"——雪人。据见过雪人的当地人说，他们身上长着暗红色的长毛，胸前有白色斑点，长发散披在肩上，身体健壮，嘴巴很大，咬肌发达。它们头顶呈圆锥形，模样也像猿人，能直立行走。1959 年，有人在喜马拉雅山海拔 6000 米处的雪地上发现了雪人的脚印，中国科学院为此派出科研人员去进行专门调查。5 月 20 日晚，考察队的藏族翻译发现了一个雪人，正从山谷往山顶走，它混身长着长毛。他开了两枪，由于天黑，这两枪没有打中。6 月 24 日，考察人员在卡玛河谷发现一头死牦牛躺在地上。他们分析这很可能是被一个雪人咬断了喉咙，吸吮了牦牛的血。考察人员在牦牛尸体附近拣到了一根 15.6 厘米长的棕色长毛，他们把它带回北京化验，发现它不同于牦牛、猩猩、棕熊和猴子的长毛，但是还不能就此肯定它就是雪人的长毛。

野人在美国叫"大脚"，因为它们留下的足迹比人的脚印大得多；印度人和尼泊尔人则称之为雪人，因为它们往往出没于雪山荒原。前苏联和蒙古称野人叫"阿尔玛斯"，澳大利亚叫"约威尔"……由此可见，野人的踪迹遍布世界。

现在，包括中国科学家在内的许多国家的科学家，在不知疲倦地寻找和研究野人。他们认为，查明野人的真相，可以为人类起源提供科学依据，丰富人类发展史。根据现在掌握的化石，人类从古猿中分化出来的时间至少在 1000 多万年前。可是我们至今仍未找到古猿和人之间的那种非人非猿的动物是什么，如果野人刚好比古猿高级，而比人类低级，那么不就把人类的发展过程连接起来了吗？

也有些人认为，所谓野人不过是某些人的恶作剧，是编造出来的动物。但是科学家们指出，尽管有些野人的脚印踪迹可能是伪造的，但是不可能伪造所有的脚印，也不可能总是到原始森林和雪山峭壁上去伪造野人脚印。他们认定野人是客观存在的事实。

还有些人认为，所谓野人只不过是对猩猩、熊等动物的误认。应当承认，误认是可能的，但是要把所有有关目击野人的报告都说成是误认就不对了。因为野人的特征毕竟与猩猩和熊等动物有很大差别，更多的像是古猿。它有长长的毛，接近古猿，这是猩猩所不及的；它的脚印比猿科动物还要大些，形态兼有人和猿的共同特征，也是猩猩或熊所不具备的。

有的科学家则认为，野人很可能是一种人类尚未发现的猿科动物，由于它们行动像人，又隐居在人烟罕至的地方，所以在原始森林等地方见过野人的旅行者总是被吓得六神无主，以致产生出种种幻觉，再加上事后的想象，野人便显得更加神秘了。

野人之谜是今天仍未揭开的自然之谜之一，这个谜底很有可能在不久的将来大白于天下。勇于探索自然奥秘的少年朋友，将来可能会有机会亲身参加揭开这个谜团的科学考察和研究工作。

动物的觅食与生存

　　我曾在黑龙江省海林市访问了著名的东北虎饲养场。这座饲养场就坐落在海林市郊的森林中，四面群山环抱。当年侦察英雄杨子荣生擒土匪座山雕的故事就发生在这里。目前，这座饲养场里还有70多只老虎，由于经费困难，不少老虎吃不饱肚子，北京青少年为了拯救东北虎，还曾在赛特购物中心举行了募捐活动。有的小朋友也许会问，实在养不活为什么不把这些东北虎放回山林呢？

　　我们不妨设想一下，当这些东北虎返回山林以后，第一件事是做什么呢？当然是找东西吃，老虎是肉食性动物，野羊、山鸡、野兔、狍子等野生动物，都是老虎的美餐。可是由于人类多年的滥捕滥猎，这些野生动物已很难见到，也就是说，这些东北虎一旦被放回山林就会被很快饿死。东北虎的遭遇使我们想起了非洲大草原上的斑马和狮子。

　　如果有人问，斑马和狮子哪个更厉害，我们会毫不犹豫地回答他：狮子。如果单从力量上说，再强壮的斑马也惧怕一头小狮子。可是狮子也有被斑马制服的时候。当狮群不断猎食斑马，斑马急速减少，以至捕食成了困难的时候，狮群中那些年老体弱的便耐受不住饥饿的折磨逐渐死去，狮群的成员因此减少。从这个意义上说，狮子并不比斑马厉害多少。假如有一天，斑马终于被狮子吃光了，那么狮子还能存

在吗？

在日本，人们常说鼹鼠见不得太阳，一见到阳光就得死掉。因为鼹鼠虽然生活在地下，可是人们常常见到它们死在地面上。在英国，也有人说一打雷鼹鼠就会死掉，尤其是秋天打雷的时候。其实要解释这种误解，只要了解一下鼹鼠的觅食情况就知道了。鼹鼠身长只有10厘米左右，可是食量却十分惊人，一只鼹鼠一天吃掉的东西，差不多等于它自己的体重。鼹鼠的食物主要是蚯蚓、昆虫等，如果超过十几小时它们没有东西吃就会饿死。鼹鼠由于要挖洞，体力消耗是很大的，它们不得不用许多时间去找虫子吃。这么一分析我们就不难找到答案，原来死在地面上的鼹鼠多数是饿死的，特别到了秋冬季节，各种昆虫、蚯蚓都销声匿迹，没有存够食物的鼹鼠就只有这种下场了。可见鼹鼠并不是被阳光晒死，也不是因为打雷死的。此外，这些死掉的鼹鼠不再与活着的鼹鼠争食，也使得一部分鼹鼠得以生存下去。动物的生存与它们的觅食息息相关。

与鼹鼠类似的还有鼩鼱，这个小东西样子像老鼠，却不是老鼠。它们也像鼹鼠一样终日忙个不停，到处寻找食物。它们吃昆虫幼虫、蜗牛、蚯蚓等，有时也猎食比自己个头还大一点儿的老鼠。到了秋冬季，食物短缺，不少鼩鼱找不到食物就被饿死了，这个事实恰好能够说明鼩鼱的寿命只有一年，这是自然选择的结果。自然条件限制了鼩鼱的寿命。

觅食方式和对象也决定了动物的生存空间，比如狮子生活在草原上，而老虎却栖息在山林中，虽然它们都猎食食草动物，但草原上和山林里的食草动物是不同的。食物的不同也使动物的形态产生了极其明显的区别。长颈鹿由于吃树叶，在漫长的岁月里脖子就长得特别长，为了向大脑供血，它的心脏也变得十分强壮，构造也很特别。

非洲的犀牛有白犀牛和黑犀牛两种。白犀牛的嘴像河马，是扁平的，能像割草机一样吃地上的草。黑犀牛嘴是三角形的，上唇伸长像鼻子，可以采食树枝和树叶。觅食对象的不同使这两种犀牛的模样都大相径庭。它们虽然都生活在非洲大草原上，可是由于觅食方式和觅食对象不同，黑犀牛喜欢生活在有灌木丛的地方，而白犀牛则喜欢生活在草原。

这些野生动物觅食与生存的关系使我们想到，多少年来由于人类的活动严重地破坏了野生动物的生存环境，使它们难以立足，它们的食物在不知不觉中被人类破坏，找不到食物的野生动物只有饿死。我们至今还没有完全弄清楚野生动物的觅食与生存的规律，因此，我们必须更加小心翼翼地保护大自然，使它免受人类活动的破坏，让那些可爱的野生动物和人类一样拥有未来。有的科学家认为，人类与野生动物之间存在依存关系，一旦野生动物消失殆尽，人类也许也将走向末路，保护野生动物也就是保护人类自己。

困在岩石中的生物

世界上经常发生一些出人意料的奇异事件，有些令人惊异万分，有些令人百思不解，有些至今也找不到合理的解释。下面将要谈到的一些事实，也会使我们头脑里冒出许多个为什么。

1972 年，苏联一位名叫朱丁诺夫的学者在乌拉尔山脉一座钾矿场实验室里工作时，无意中发现了世界上最古老的活生物。当时他把一块钾矿石放进蒸馏水中，想找到钾矿石呈红色的原因。过了一会，他从分解开的矿石中发现有一些小微粒开始漂离矿石，当他把这些微粒放在显微镜下观察，竟然看到有无数微生物在活动，使他感到非常吃惊。几天后，他再次观察瓶子里的水，发现水里充满了活的有机体，显然是那些微生物因为水浸而复活，并且大量生长繁殖起来的。要知道，这些小生命被困在钾矿石晶体里已有 2.5 亿年了。

很多年以前，世界各地都有人发现了被困在岩石中的动物。1853 年，一位名叫霍顿的美国新墨西哥州人，在一个石块中发现了一只活角蟾，而任何最小的动物都不可能钻进那个石块中。后来霍顿把这只角蟾送给了华盛顿的一家著名博物馆。可惜的是，角蟾获得自由后只活了两天便死了。

1865 年，英国杜安郡一座城镇在修建供水工程，建筑工人开掘地面时，发现一只困在地下 7 米深的石灰岩中的活蟾蜍跳了出来，这只蟾蜍在藏身的岩石中留下了一个与它体形一样大小的坑，就像一副模子一样。这只蟾蜍的眼睛十分明亮，从岩石中出来时显得充满活力。刚发现它时，它似乎在用力呼吸但很困难，只是不断地发出"咕咕"的声音。经过仔细检查发现，它的嘴巴完全闭合，咕咕声是从它鼻孔发出来的。它的前脚向里弯，后脚显得很长，与今天英国的蟾蜍大不一样。开始时这只蟾蜍是灰白色的，几乎与它藏身的石灰岩一样无法分辨，不久就变成了深灰色，后来就变成了鲜明的黄褐色。地质学家研究后认为，这只蟾蜍至少活了 6000 年。它是怎么被困在岩石中的呢？为什么它的生命能延续这么久呢？

1852 年，英国德贝郡一些工人在开采矿石时，在 4 米深的地下挖到一块大矿石，由于矿石太大，两个人搬不动，他们只得将矿石凿开。在这块矿石正中的一个小洞穴中，突然跳出了一只活蟾蜍。这个小洞穴的直径只七八厘米，比蟾蜍的身体大不了多少，周围还积了一层碳酸钙结晶。这只蟾蜍也许一下子不能适应新的环境，不久就死了。

再往前的 1835 年，在英国修建伦敦至伯明翰铁路时，筑路工人在一块破裂的岩石中，也发现了一只活蟾蜍。当时工人们正在清除 1 米多厚的红砂岩层，当他们抬起一块岩石准备抛上车时，由于岩石太重掉在地上，摔成了几块，工人们在其中的一块岩石中发现了一个空洞，一只活蟾蜍正趴在里面。起初这只蟾蜍身体呈黄褐色，但不到 10 分钟便变成了黑色。这只蟾蜍大概受到环境的约束，长得比一般蟾蜍要小，但显得挺壮实。可能是由于岩石落地时使它头部受了伤，它一直不停地喘气。工人们小心翼翼地把它放回原来的空洞，并用泥把洞封好，但是这只蟾蜍还是在 4 天后死了。

最令人惊讶的是，困在岩石里的生物已经成了化石，可是一旦见了阳光竟然还能复活。1818 年英国一位地质学家就曾碰到过这么一件事。有一次他在一处矿场挖掘化石时，在六七十米深的地下，发现了一些已经变成化石的海胆和水蜥，其中 3 只水蜥保存得很好。他十

分细心地把那 3 只水蛭从岩石中挖出来。当他把这 3 只水蛭化石放在阳光下观察时，使他极为吃惊的是，这几只水蛭竟然活动了起来。其中有两只很快便死了，另一只看上去很有生气。于是这位地质学家便把它放进池塘中，可惜这只水蛭一进水中便游得无影无踪。据这位地质学家说，这几只水蛭与当地现存水蛭不同，是已经灭绝了的一种，过去还没有发现过。

在地下岩石中发现活蟾蜍的，不仅有英国，还有法国。

1851 年，法国布卢瓦的一名工人在用鹤嘴锄把一块 7 千克重的石头砸开时，发现石头空隙中藏着一只活蟾蜍。谁知这只蟾蜍一接触到空气便立刻从洞中跳出。这个工人把这只蟾蜍放回石头空隙中，然后把整块石头送给当地科学部门研究。在研究过程中，这块石头被放在地下室的一片青苔上面。如果在黑暗中把石头上部搬开，蟾蜍会乖乖地趴在里面。但是如果地下室中有光线，它就会爬出来。如果把它放在洞边，它会自动爬回洞里，把四条腿缩在身体下面。石头中的空隙与蟾蜍身体差不多大，蟾蜍把头放在石块上，以致在石块上留下了一道压痕。

更令人惊奇的是，已经在 1 亿年前灭绝的翼手龙，居然有一条一直生存到近代。那是 1856 年冬，一群法国工人在修建圣茅色至南锡铁路线上的一座隧道时，在半明半暗的岩洞中，发现有一头怪物从他们刚刚凿开的 1 亿年前的石灰岩石块中摇摇晃晃地走了出来。它拍动双翼，发出刺耳的叫声，然后便倒在地上死了。这头怪物的双翼展开有 3 米多长，四条腿有皮膜相连，就像蝙蝠一样；它的脚尖上长有长爪，嘴里长着两排利齿，皮肤像黑色皮革，既厚又滑。当地一位学古生物学的大学生闻讯赶来，他一见到这头怪物就断定这是早已在 1 亿年前灭绝的翼手龙。他发现隧道中岩石的年代与翼手龙生存的年代完全吻合，而且在困住这条翼手龙的岩石里，人们还发现了一个空洞，其大小和形状与这条翼手龙完全一致。

　　这条翼手龙的得而复失实在太可惜了，否则我们会得到许多自然之谜的答案。现在我们只好根据化石和其他线索来研究远古动物和它们当初的自然环境。令人感兴趣的是，每一种被困在岩石中的生物，在它们被困进岩石之时及其后来的岁月，一定都有一段有趣的经历，这只有靠我们去想象了。

你好，大象

　　象是陆地上最大的动物，当人们提到象的时候总要习惯地称它们为"大象"。象也是少年儿童最喜爱的动物，它们聪明、善通人性、吃苦耐劳，经过驯养后可以为人类做许多工作。我们都听说过许多有关大象的有趣故事。有一个故事说，象在临死前都要独自走到祖先留下的一个秘密墓场去，没有任何人能找到这个墓场。这也许是说明象的不可思议的行为的故事中最有代表性的一个吧。还有一个童话在解释象鼻子为什么长时说，这是因为大象在河边喝水时被螃蟹拉长的。当然，这只是一个有趣的童话故事。大象对无故伤害自己的人还"记仇"，它们会愤怒地寻找仇人报复，这种行为不太像是一般动物干的。象是很聪明的，经过许多年研究我们才对象的一切有了一些了解，但对它们怎么会有这么有纪律的行动和大象群体内的关系等仍有许多问题没有搞清楚。

　　那么，象鼻子究竟为什么能长得这么长呢？

　　动物学家告诉我们，在若干千万年前，象鼻子并不长，而且形体也没有现在这么庞大，这种象是现在的亚洲象和非洲象的祖先。大约在距今 4000 万年前出现的象，形体大小近似我们现在在动物园中看到的野猪。

　　后来经过一段漫长岁月的演化，象的形体开始变大，而活跃在今

天的象的直接祖先大约是在距今2000万年前出现的。那时，地球陆地表面覆盖着大片草原，野马和野牛已经在大草原上往来奔突了，同样是草食性动物的象不得不在它们之间争得自己的生存空间。尽管在这种环境下，象除了食草之外，还选择了质地较硬的树叶和树皮作为食物，但在食物的消化、吸收方面和凭借缺乏营养价值的食物活下去等方面，却对维持自己较大的形体很有利。

象的硕大头颅和长而粗壮的四肢对于啃食长在地面上的青草显然是不方便的，就是说，对于形体庞大的草食性动物来说，一副长嘴巴或是能柔软地挥动自如的"手臂"是不可缺少的。于是在长期的进化过程中，象的上唇和鼻子合而为一，并不断地伸长变成了现在这种长而运用自如的鼻子。

象之间的联系是十分紧密的。有人曾看见两头象将一头受伤的象夹在当中，搀扶它行走的场面，这个事实很形象地说明了象的"社会联系"多么牢固。象的社会基本上是一个母系社会，象群主要由母象、象姐妹和幼象构成。雄象在长大后就会离开象群，或加入只由雄象组成的一个临时性群体中，或是独自生活。在这样的社会系统中，象的个体之间彼此熟识是非常重要的，而为了彼此熟识就必须传递信息。象为了传递信息利用了各种各样的手段，比如用长鼻子、大耳朵、头、尾等做出各种姿势，传递视觉信号；从喉、鼻发出声音，传递听觉信号。听觉信号分吼叫和鼻子发出的如同喇叭的声响两种。象还可以发现频率很低的低频声信号，以进行远距离的相互联络。象的敏锐嗅觉也可以将彼此沟通，这是象鼻子的又一个功能。

对于嗅觉不太灵敏的人类来说，也许很难理解嗅觉信号对于生存的重要性，我们观察象的行为就可以得到认识这种重要性的间接证据。我们注意观察就会发现象在移动的时候和站立不动的时候，都会将鼻子不停地前后左右摆动，这正是象在用鼻子收集来自四面八方的气味信号。

如果一头象与另一头彼此熟识的象相遇了，它们的鼻子就会忙碌起来，去触碰对方的鼻子、嘴巴、眼睛、耳朵、足和身体。象鼻子的前端长着感觉敏锐的细毛，科学家认为，这是象在互相确认对方的"面孔"。当然它们也在用鼻子辨认对方的气味，因为科学家在象鼻子的前端发现了一个对大象之间的联络起重要作用的特殊分泌腺的位置，它能分泌出具有特殊气味的物质。而这类分泌腺中最重要的是位于象太阳穴的侧头腺。我们在它们太阳穴的位置可以看到一些类似汗迹的斑点，这就是侧头腺的分泌物。有趣的是，远古人类也注意到象的侧头腺，在远古人类画在岩洞中的岩画——猛犸象的头上也能清楚看到这种分泌物的痕迹。

我们只能从雄性亚洲象头上看到侧头腺的分泌物，而对非洲象来说，不分雌雄、长幼，侧头腺的分泌物都一样明显。

如果一头陌生的象冒冒失失地走近象群，象群中的"首领"就会把侧头腺分泌物蹭到树木和其他物体上，对"外乡人"发出警告。我们也可以把象的这种行为解释成圈定"势力范围"的行为，而外来的象会对沾有这些分泌物的树木等大为恼火，以至会对这些树木发起攻击。

这种分泌物在象兴奋或紧张时都会分泌旺盛，而幼象在戏耍时也会出现这种分泌物。侧头腺分泌物的成分每头象都是不同的，所以通过分辨分泌物的气味，象就能彼此辨认。

象能用它的圆柱般的足踩死狮和老虎，不愧是陆地上最大、最强的动物。象具有的不同寻常的本领，使它们能够通过彼此沟通信息来保卫自己和伙伴不受伤害。我们不得不对大象表现出来的出色本领和"聪明才智"感到惊奇。不过还应当说明的是，对大象和其他对人类有重要意义的动物，我们了解得还太少，还得做更深入的研究和探索。

巨人与小矮人

在童话故事中，有许多巨人和小矮人的故事，这些巨人和小矮人都生活在我们想象不到的地方，所以谁也没有见到过他们。当然，这都是童话故事中的描写，很难让人相信世界上真的存在身躯像大树那么高的巨人和只有手指那么长的小矮人。

可是，科学家们通过考古研究发现了一些证据，说明地球上很早以前可能存在过巨人和小矮人，只不过他们并不像童话故事中描写的那么高或那么矮，而是比现代正常人高许多或矮许多罢了。

早在 1880 年，一批美国考古学家在美国宾夕法尼亚州的一处古代墓葬中，发现了头上长角的人类骨骼，除了在眼眉上方几厘米的地方伸出一支角以外，这些骨骼所表明的人体在结构上都和人类没什么两样，只是身材十分高大，每个人的身高都在 2 米以上。科学家们估计，他们是 1200 年前后被埋葬在这里的。可惜这些骨骼送到博物馆后遗失了。

1891 年，一些挖河泥的工人在美国俄亥俄州的一个大坟墓中，发现了一副巨大的骸骨。这个巨人生前穿着铜制的盔甲，头顶上戴一顶铜帽，上下腭用护圈围住，双手、胸前、腹部也有铜片保护。头盔两边各有一根包铜的木角。这副巨人骨骼的口腔里塞着许多大粒珍珠，脖子上戴着用镶着珍珠的熊牙制成的项链。在巨人骨骼旁边还有一副女人的骨骼。从这副巨人骨骼推测，这个人生前身高 3 米以上。

本世纪初的 1911 年，一群矿工在美国内华达州的一处山洞里挖掘做肥料的鸟粪，发现了一些古代印第安人的遗址，接着又发现了一具干尸，这具干尸的身高在 2 米以上，头发是红色的。据当地印第安人传说，他们的祖辈曾经受到一个红发巨人部族的威胁，后来各个印第安部族联合起来才赶走了红发巨人部族。一位名叫理德的采矿工程师对这段印第安人的传说十分感兴趣，他很想搞清是否存在红发巨人，他认为那具干尸证实了印第安人的传说。他研究红发巨人许多年，发现在少数当地印第安人穿的长袍中，有些是用红色人发织成的。干尸的发现引起了考古学家的兴趣，他们来到山洞进行发掘工作，但是他们只收集到一些遗物，没有找到骨骼。不过，几年后，人们在发现干尸的那个地区又发现了更多的巨人骨骼。据采矿工程师理德和其他研究人员测量过巨人的股骨长度后估计，这些人的身高在 2 米到 3 米之间，与现代人类相比，这些红发巨人当然是高不可攀了。

在美国内华达州的一家博物馆，展出有一个巨大的颅骨，凡是看

过这个巨大人类颅骨的人都十分吃惊并感到难以理解。

有关存在小矮人的证据和发现也很多。1837年，有人在美国俄亥俄州的一个地方发现了一处小矮人的墓地，那里埋葬的骨骼只有1米长，是用木制棺材埋葬的，这些骨骼属于成人。由于这些骨骼周围没有发现任何物品，所以还不能确定这些人是属于哪一文化时期。考古学家从墓穴的数量判断，这里应当是一个相当大的人类集居地。

1932年，一些探测金矿的人在美国怀俄明州佩德罗山脉中炸开石壁时，发现了一具干尸。这具干尸盘腿坐在一个花岗岩洞里，双手叠放在膝盖上，活象一尊佛像。看上去这具干尸是一个成年人，它的表皮已起皱纹，鼻子很扁，额头也很低，嘴巴很大而嘴唇很薄。最令人不解的是，他的身高只有0.3米多，相当一只小猫。考古学家们感到很吃惊，他们的初步解释是，这具干尸生前可能是一个侏儒（生来矮小的人），可能是印第安人的祖先，死后曾举行过特殊的葬礼。几年后，一名商人买下了这具干尸并把它带到纽约，经过专家检验，估计干尸生前是一个65岁的老年人。而在怀俄明州的一些印第安人中传说，曾存在过一个小人部族。于是干尸的发现引起了人们对这个传说的兴趣。

在波兰的布勒斯劳和索波特卡地区，也传说在1000年前，这里曾聚居着一个平均身高只有1米左右的小矮人部族。一些科学家在研究了许多古代遗骨后，在1902年肯定了这种传说。科学家们估计，这个小矮人部族可能在1900年前就在这个地区聚居了。此外，在欧洲其他地区，人们也发现了小矮人的活动痕迹。瑞士曾有一个部族，平均身高只有0.5米，而从法国阿尔萨斯发现的骨骼推算，这里的小矮人部族身高也只有1米多点，所有已发掘出的小矮人骨骼，都没有发现畸形现象，证明他们所属的种族是天生矮小而不是患了什么病。

在19世纪末，人们在英国兰开夏郡一处沼泽地泥炭层下面，发现了数以百计的石制工具。从工具的细小体积来看，这些工具不像是古代人类留下的，倒像是传说中小矮人使用的东西。不论是割刀、钻子还是半月形小刀，没有一件长度超过 2 厘米，其中很多长度甚至不到 1 厘米。这些石制工具显然不是用来猎取鸟类的，因为从中没有发现类似箭头的东西。虽然割刀和钻子可以装上木把，但是没有发现经过雕刻或钻挖过的木料，即使装上木把，这些工具也太小，普通人拿在手里没法使用。有人认为，这些石制刀具可能是仿照月亮制成的宗教用具。可是为什么又与普通工具放在一起呢？

如果在英国兰开夏郡发现的这些小巧工具在其他地方都未曾发现过，那么这件事早就被人遗忘了。事实上，在英国其他地方，如在得文郡的森林地下及索福克郡的沙地下，都发现过看来是小矮人使用的工具。此外，在世界其他地区，如埃及、非洲、澳大利亚、法国、西西里岛等地也都发现过一些小矮人才能使用的石制工具。在印度温迪亚山区的洞穴里，人们也发现了一些用石头和玛瑙制成的小小的半月形小刀。

有关"小人国"和"大人国"的传说全世界都有，但毕竟除了个别身材巨大和先天不足身材矮小的人，我们还没有见到过正常的巨人或小矮人。也许这类巨人和小矮人已经灭绝，只在地下留下了他们活动过的痕迹。关于巨人和小矮人的研究今天仍在进行，相信总有一天科学家们会给我们满意的回答。

光海精灵——蜻蜓

不久前，人类由于实现了凭借人力首次飞行而感到欢欣鼓舞，但是在蜻蜓的飞行技巧面前便显得望尘莫及了。

蜻蜓主要捕食昆虫，被称为昆虫中的"肉食动物"。它能从侧面接近正在飞行的野蜂和蛾子，并用几个麻利的飞行动作俘获它们。蜻蜓用它钢钳般的上颚，一眨眼功夫就能把披着一身"甲胄"——硬壳的野蜂咬得粉碎。

蜻蜓源于远古，由一种巨型昆虫进化而来。目前发现的最古老的蜻蜓化石是大约 3 亿年前留存下来的。那时的蜻蜓祖先也像今天蜻蜓一样，喜欢成群竞飞，但是翅膀张开达 1 米。比较起来，今天的蜻蜓只是继承了它们祖先的外貌和本事，个头却大大地缩小了。

与今天已经进化了的昆虫（比如蜜蜂和苍蝇）相比，蜻蜓翅膀的构造和运动方式都是相当落后的。今天昆虫的翅膀几乎都能收拢起来，而蜻蜓的翅膀总是这么撑开着。我们只能这么解释：在进化的过程中，蜻蜓选择了作为一个"空中猎手"的前途，也就无需收起翅膀在地上行走了。所以蜻蜓的足也退化了，除了用它们捕获猎物外，几乎没有什么用处了。

蜻蜓有长时间停留在空中飞行的能力，这就需要它有轻巧的身体，薄薄的翅膀。在蜻蜓的翅膀上有称为"翅脉"的体液环流细管，

呈网状分布，使翅膀总是保持着张力。蜻蜓扇动翅膀的"装置"也十分有趣，一般进化而来的昆虫，背上的翅膀每秒钟振动 300～1000 次，而蜻蜓的翅膀每秒钟只振动 25～30 次，它是由牵动四片翅膀的肌肉交替收缩实现的。其他昆虫在进化之前也是这样飞行的，而现在它们采用了更省力、更有效率的"现代化"飞行方式。那么为什么蜻蜓仍用古老的飞行方式，它不想进化吗？

原来，其他昆虫通过胸部的运动扇动翅膀，只能使一对或两对翅膀左右对称地扇动。而蜻蜓用肌肉直接牵动翅膀振动，这样它就能随意扇动四片翅膀中的任何一片，这就是蜻蜓能出色飞行的关键。蜻蜓能以每小时 50 千米的速度疾飞、急转弯，甚至骤然悬停，就像在水中荡桨一样自在。

不过，如果蜻蜓只有飞行的绝技而没有搜索猎物的器官，那它作为"空中猎手"早就不合格了。蜻蜓的装备很齐全，它的搜索器官就是占了它大半个脑袋的复眼。

　　大型蜻蜓的复眼集中了大约 28000 只单眼，每只单眼中都有视神经，像一枚放大镜。上面有色素细胞的单眼各司其职，每只单眼的视角是 2～3 度，复眼呈球形覆盖在蜻蜓头上，所以蜻蜓的视野中没有死角。这对复眼可以同时观察每秒钟振动 200～300 次的物体，所以对搜索每秒钟翅膀振动 300 次的野蜂来说，蜻蜓是十拿九稳的。蜻蜓还有一个突出优点，其他昆虫都是"近视眼"，而它在 40 米以外就能发现猎物的一举一动，它的眼睛不亚于一个高性能的照相机镜头。

　　在距蜻蜓 40 米内的苍蝇要想逃脱蜻蜓的追捕几乎是枉费心机。蜻蜓能以每秒 10 米的速度从天而降，等到苍蝇感到大事不好，已经身陷蜻蜓 6 条腿围成的牢笼之中了，转眼半个身子就成了蜻蜓的美餐。

　　如果把蜻蜓比作战斗机，那么苍蝇和蜜蜂只能算是运输机了。在飞行方面，蜻蜓能讥笑这些进化了的同类无能了。

　　向着便于在空中捕食的方向发展的蜻蜓，与人类有着同样的视觉环境，但是蜻蜓的视觉看到的世界超出我们的想象。它们有 360 度的视野，不但能看见可见光，还能看到红外线和紫外线。

　　更令人吃惊的是，据最新的研究表明，它们还能分辨偏振光（振动方向特殊的光波）。能够识别偏振光对蜻蜓有什么好处现在还是未解之谜，不过可以推想，蜻蜓眼中的世界在我们看来，一定是一个光怪陆离、五光十色的幻想世界。

猛犸象是怎样灭绝的

1977 年 6 月，在前苏联西伯利亚东北部科雷马河附近的一个偏僻山村，一位探矿者正在驾驶推土机铲开冻土表层的泥土寻找金矿。他坐在驾驶室里呆板地开动着机器，眼睛却睁得大大的，盯着铲起来的土块，盼望着能看到闪闪金光。突然，他看到在泥土下的冻土中露出了一个黑色的怪物，这是什么呢？由于冻土比石头还硬，用铁锹和铁镐都无济于事，于是他挖了一条小沟引来河水融化冻土。啊，化掉了冻土，眼前呈现出一头类似小象的动物——一头幼小的身披长毛的猛犸象。发现如此完整的猛犸象遗体，这在历史上还是第一次。发现者给这头小猛犸象起名"迪马"。消息不胫而走，"迪马"被交给前苏联科学院。它先被送往一座特别冷库，然后被送到列宁格勒动物研究所，供许多专家进行研究。

"迪马"是一头小公象，出生 6 个月后就死了，据查死因是由于脚上两处受伤而感染了败血症。它的身长为 1.14 米，高 1 米多，体重 63 千克。它浑身覆盖着略带红栗色的长毛，耳朵不大，鼻子长达 55 厘米，鼻子尖上长有两个称为"指"的"附肢"，与在法国和西班牙石器时代壁画上描绘的十分相像。

据科学家分析，"迪马"在受伤之前是健康的，不过在死前几小时已不能进食。这只猛犸象是与象科动物群一起，在西伯利亚靠近北极

圈的草原地带为寻找食草而迁徙的，它们附近还有野马、山羊、野牛。这只小猛犸象死后，因塌方被掩埋在泥土之中。专家们感到惊奇的是，过去一直认为这种塌方只发生在西伯利亚南部，是冰川融化引起的，如今应当承认在北部也会发生塌方事件。

可是，在土层崩塌的险恶环境下，"迪马"为什么能保留得完好如初？科学家们认为"迪马"从它受伤到最后死去估计有几天的时间，可是为什么没有出现食腐动物来"打扫"遗骸呢？而且当时正值天气暖和的春天或夏天，冰冻正在融化，河水也在泛滥，这头小猛犸象的遗体又怎么会不腐烂呢？即使它被掩埋在泥土中又立刻来了寒潮，但要永久冻结起来至少需要几星期乃至一个月时间，"迪马"怎么能原原本本地保留下来呢？这实在是一个奇迹。

多年来，人们在西伯利亚发现了数万具猛犸象的骨骼和牙齿，仅在 1660 年到 1915 年的 250 多年间，就发现猛犸象牙达 5 万根之多。而且越往北走猛犸象的遗骸便越多，最多的要数新西伯利亚群岛。有的地点甚至发现过数量巨大、堆积如山的猛犸象遗骨。

猛犸象在象科动物中是个头最大的，身高达 4 米以上，被称为"冻土带之王"。猛犸象的足迹遍及从北美洲到欧洲的广大地区。过去一般认为，猛犸象是一种只活跃于北极圈附近的动物，但实际情况并非如此：它们有一身长毛，但并不能适应北极地区的气候条件；它们的皮很厚，但并没有决定它们的生存范围，因为热带地区的老虎毛皮同样很厚；它们的皮下脂肪厚达 8 厘米，与其说它们拥有大量脂肪是为了御寒，不如说它们有充足的食物来源。有一个分析可以相当有说服力地证明，猛犸象并不适应今天北极的气候：猛犸象皮肤上没有皮脂腺，而生存于寒冷地区的动物为了御寒，皮肤上必须拥有可以分泌油脂的皮脂腺，以便起到保护皮毛润泽不致干裂的作用。不然的话，寒冷的空气就会吸收掉动物表皮的水分，并使细胞迅速脱水，最后导致动物死亡。

现在科学家已经证明，北极圈内的大片地区在很久以前气候温暖、潮湿，是适宜猛犸象生存的地方。那么为什么猛犸象会在极短的时间里灭绝，或者像"迪马"那样被冻结起来呢？科学家们在进一步研究，寻求科学的答案。因为这种情况如果再次发生，那对人类来说就是一场大灾难。

一些科学家指出，造成温暖地带动物突然灭绝的原因可能是地极的突然移动。

"地极移动"，顾名思义就是指地球极点的移动。一旦地极发生移动，那么原来的寒带就可能变热，原来的热带就可能变成冰天雪地。

现代科学已经证明，地极正以每年 10 厘米的速度缓慢移动，这就是说 1 亿年后地极将移动 1 万千米，而 1 万千米也就是地极到赤道的最短距离。到那时候，地极就会从现在的位置移动到赤道上。我们对 1 亿年后才发生的"天翻地覆"当然不会有燃眉之急，但是一些科学家根据大量事实证明，这种进展缓慢的地极移动，也有可能在几天、几小时甚至更短的时间内突然完成，从而使温带变成了寒带，使得大批动物无法适应而灭绝。

有可能造成地极迅速移动的，是南极大陆。南极大陆上的辽阔冰层，在阳光下发出蓝白色的寒光。冰层覆盖着南极大陆大约 1500 万平方千米的表面，面积相当于美国面积的两倍，占地球表面积的 3%。冰层的平均厚度大约有 2000 米，厚得令人难以置信，在最厚的地方达 5000 米以上。冰的重量是一个天文数字，即在 19 的后边再加上 15 个"0"，重量单位是吨。据科学家计算，整个地球 90% 的淡水便贮存在南极大陆的冰层之中。所以如果这些冰一下子同时融化并汇入海洋，滔天的洪水会袭击所有大陆，那将是一场多么巨大的灾难！

使科学家焦虑的是，南极的冰层在不断加厚，有朝一日会使地球像艘负载过重的大船那样因为失去平衡而倾覆。由于地球是一个赤道隆起的椭球体，所以自转运动是稳定的，但是一旦南极冰层的厚度增至平均 3000～5000 米，地球自转就无法保持平衡了，如果出现其他天体对地球自转运动的干扰，这种倾覆就可能发生。那时，南极会移动到现在赤道的位置上，而赤道上的某个地区会变成南极。到那时候，融化的冰层会使海平面迅速升高 60 米以上。

不过，南极大陆的降水量极少，每年只有 30 厘米，而且是雪，在地理学和气象学上，科学家们把南极与沙漠相提并论。当然，即使这微不足道的降水量，也会使南极冰帽每年增加 200 亿吨重量。南极冰帽的重量积累到一定程度，会发生地极移动吗？有人说会发生，有人说不会发生。不管如何，只要有发生的可能，就应当采取对策。所以有的科学家建议，运用人类掌握的核能，使南极冰雪逐步融化，不让它积累，然后开凿一条通道从南极大陆内部通向海洋，这样融水就可以源源流入大海。这个办法说起来容易，做起来太难，如果不是由全世界所有国家联合出力的话，单靠一个国家是无济于事的。

如果说在地球历史上确实发生过造成生物大量灭绝的地极移动的话，那么今天我们面临的难题是，下一次这种地极移动发生在什么时候？这是人们今天还无法解答的自然之谜。我们相信，随着人类对地球运动认识的逐步深入和对南极冰雪的控制，一定会有办法避开这种灾难的。

沧海茫茫寻良医

几年前的秋天，我有机会到唐山附近的一座海水养殖场参观。当时养虾池内的对虾正"集体"患一种怪病，每天都有很多对虾死亡，离开养虾池十几米远，都能闻到虾体在海水中腐败散发出的恶臭。我看到养殖场的饲养人员和技术人员个个愁眉苦脸，望着虾池无计可施，已经派出寻医问药的人还没回来，人们心急如焚。

这时我突然想到，居住在大海里的鱼虾会不会得病呢？它们显然也会得病的，那么有谁能为它们的健康操心呢？后来我终于找到答案，但只是部分答案。

最早发现海洋鱼类中有的鱼是专门充当医生角色的是一位名叫克拉达·兰普的人，他是科威特的海洋生物学家。他的研究对象是海洋生物，因此他经常潜入浅海中观察和研究海洋生物的生活习性和活动规律。

在一次潜入海下观察过程中，他偶然获得了一个有趣而重要的发现，地点是在美国加利福尼亚沿海。他当时看到大鱼离开它的同类向一条只有它十几分之一大小的小鱼迅速游去，看来小鱼难逃厄运了。奇怪的是，当大鱼游到小鱼近旁时，它就顺从地一动不动，而小鱼则用自己尖尖的嘴巴咬住了大鱼身体的某一部位……莫不是小鱼要把大鱼吃掉？

　　又过了一会儿，小鱼松开嘴，然后游回海藻丛中。而大鱼则精神抖擞地一摆尾鳍，向远去的伙伴追去。克拉达·兰普把这段奇妙的经历，详细地记载在观察记录中，希望继续研究找到这种异乎寻常现象发生的原因。

　　经过克拉达·兰普及其他科学家坚持不懈的研究，他们终于能够解释这种大鱼不吃小鱼的原因了。

　　原来，长着尖嘴的小鱼在充当着医生的职责，它们用自己的尖嘴为伤病鱼清理伤口，把大鱼身体上因感染或受伤形成的腐肉清除，大鱼的伤病经过这种治疗就能很快好转。小鱼在给大鱼治病时，大鱼必须规规矩矩地头朝下尾朝上，不这样做小鱼就会袖手旁观。大鱼如果嘴巴里有病，它就得把嘴张开，让小鱼游进去为它清理伤口。治疗完后，小鱼就从容地从大鱼嘴里游出来。如果治疗时遇到鲨鱼什么的，大鱼会让小鱼赶快从嘴里钻出来，然后自己再迅速避开。小鱼在治疗时把大鱼身上的寄生虫和病变组织吃掉，这样就不会使大鱼的病情恶化，也就不至于传染给鱼群。

遇到病鱼多的时候，大鱼会争先恐后乱成一团，在这种时候小鱼就会等大鱼们整顿好秩序后再治病，乱哄哄的情况下，它们就耐心等着。如果小鱼不耐烦想离开，大鱼就会拦住它们不让走。

有些科学家为了验证鱼病确实是小鱼给治好的，特地做了一种实验。他们在大鱼们经常游弋的海域把小鱼清理出去，结果发现那些病鱼们也不见了，它们是不是到别处找小鱼求医去了呢？

又过了两星期，科学家们发现有许多大鱼相继染上了鱼瘤，鳞片脱落，鳃和鳍上出现了溃疡。而在有小鱼的海域里，病鱼很少，鱼群显得健康而有生气。

水池中的实验也说明，在有鱼医——小鱼的水池中，鱼群很少有病传播，而在没有鱼医的水池里，鱼病就能很快蔓延。于是科学家们得出结论：正是有了类似这种小鱼的鱼医生的存在，才使多种海洋鱼类免遭伤病之苦，能够在浩瀚的大洋里生息不绝。

小鱼治病的效率是很高的，一位科学家潜入海下六个小时，发现一条小鱼为 300 条病鱼治了病，如此勤勉真令人佩服。

科学家们证实，小鱼是以大鱼身上的寄生虫和病变组织为食的，这也许可以解释他们之间的依存关系。科学家们还发现，小鱼治疗的病鱼以雄鱼为多，大概是因为它们经常争斗伤病也多吧。小鱼还负责为没有伤病的雄鱼"美容"，让它们显得健康、漂亮。

不过，还有一些情况科学家至今还在研究，那就是，病鱼是如何知道小鱼会为自己治病的呢？通常大鱼会毫不留情地把小鱼吃掉，而小鱼见到大鱼也会逃之夭夭。它们彼此的依存关系肯定是经历了许多万年才逐渐形成的，在这个过程中，吃与被吃的惨剧肯定千万次地发现过。也许比哺乳动物低级得多的鱼类还有我们没有发现的聪明之处？

鱼医与病鱼的关系说明，在大自然中确实还有某些生物生存的规律还没有被人类完全揭示。

"神虫"——螳螂

　　在繁茂的灌木丛中，一只螳螂走来了。它把一对镰刀样的前足竖在头前，威严地昂着那三角形的小脑袋，一副"猎手"的神态。从前，生活在非洲卡拉哈里沙漠的布门西族人，把勇猛的螳螂奉为神物，尊为神虫。

　　螳螂是一种肉食性昆虫。它有一对大而突出的复眼，加上可以自由转动的头，使它有着广阔的视野和十分发达的视觉。一旦发现猎物，螳螂就会止步不动，并举起那两把"镰刀"，确定目标后，便迅速伸出"镰刀"，敏捷地擒获猎物。螳螂捕食各种各样的害虫，从不"挑食"。雌螳螂胃口更佳，为了繁殖后代，它一路吃过去，来者不拒，以积蓄营养。

　　对雄螳螂来说，婚配是一桩"玩命"的事。在几十厘米外发现雌螳螂后，雄螳螂便悄悄地从背后靠近。而雌螳螂呢，它把所有运动着的物体都视为自己的猎物。所以，雄螳螂总是小心翼翼地靠上去，婚配后，立刻逃之夭夭，动作稍一迟钝，"新郎"就会被"新娘"毫不客气地吃掉。

　　螳螂的产卵方式很有特点，与同属直翅目的蝗虫、蟋蟀不同，后两者都是在土壤中和植物的茎干中产卵，只有螳螂是在植物茎干、小枝表面产卵。要是刚刚产出的卵就这么暴露在光天化日之下，马上就

会被别的动物吃掉。不必担心，螳螂的卵由一层泡状物质包裹，一接触空气就会凝固，形成坚硬的卵囊，起到很好的保护作用。晚秋时节产的卵，在来年初夏孵化成螳螂幼虫。一个卵囊一次可孵化出几百只幼虫，这时的小螳螂虽不足1毫米长，却已经有了那对"大镰刀"，从此，它便开始了纵贯一生的狩猎生涯。

有关螳螂生态的深入研究正在进行，昆虫学家们普遍认为，它的习性中还有许多令人不解之处，比如：螳螂有没有听觉？它的耳朵在哪儿？

最近，科学家们在螳螂的后足根部发现了它的"耳朵"，有趣的是，螳螂只有一只"耳朵"，它能听到的频率范围为25～45千赫，已属超声波范围了。问题在于，螳螂是个"哑巴"，从不发出声音，光用一只"耳朵"也无法定位。那么，它又何必要长一只"耳朵"呢？美国科学家们推测，螳螂这只"耳朵"的用处可能与蝙蝠相同——用于捕食或逃避敌害，也可能还有别的用处吧。

总之，在被尊为"神虫"的螳螂身上，的确还存在着许多不解之谜。

令人刮目相看的章鱼

　　日本沿海的农民经常抱怨章鱼盗走了他们的庄稼，但是面对这种趁着深更半夜行窃的"小偷"他们也无可奈何。有关章鱼爬上岸来，乘机顺手牵羊的故事，在日本传得神乎其神。

　　这种身体柔软得像泥鳅一样的海洋软体动物属于软体动物门的头足类，仔细品评起来，它的确不同凡响。章鱼没有骨骼，整个身体都是由肌肉构成。栖息在日本沿海海底的章鱼的腕足非常有力，爬上岸来能"阔步而行"，令人吃惊。

　　章鱼出现在地球上已是 5 亿多年的事了，而人类的出现还仅仅是 100 万年前的事，比较起来，章鱼倒称得上是生物界的老资格了。

　　生活在日本沿海的章鱼有 200 种左右，尽管人们常能见到它们的身影，但总有些神秘感。比如章鱼的正式名称叫"普通章鱼"，为什么这么命名，难道还有"特殊章鱼"，连学者们也莫名其妙。

　　总之，章鱼没有骨骼（这对动物分类学来说是必不可少的），要是把它放进标本液中，它的肌肉又会马上萎缩，表皮组织也会变质，没法制成标本来研究，令学者们哭笑不得，大伤脑筋。

　　在海水中直接观察章鱼，就会发现它有许多令人感兴趣的举动。章鱼极富好奇心，当它发现一个陌生物体时，首先伸出腕足去试探一下有没有危险。在章鱼的腕足上有吸盘，在吸盘的边缘上排列着能够感知味觉和触觉的细胞，总数有 2 亿 4 千多万个。章鱼凭着这种优势，便能对食物的软硬、味道，对海水的浓度"一目了然"。要是把砂糖（甜味）、盐酸（辣味）、苦味浸入海绵中让章鱼去识别，它的辨别能力比人高 1000 倍。对表面光滑的球体和表面有沟痕的球体，章鱼也能轻而易举地区分出来。实验表明，它可能是用吸盘上的感受细胞来推测物体表面光洁程度的。

软体动物没有大脑，但是章鱼却有一个与大脑一样好用的神经组织。它对外界做出的反应就是由这个组织指挥的，这个组织叫"脑神经节"，是神经细胞组成的，它占了章鱼头部体积的一大半。六根主神经从章鱼头部进入身体、腕足和两只圆鼓鼓的眼睛，于是脑神经节就成了章鱼全身感觉、运动、学习、记忆的中心。

章鱼的眼睛与其他动物的眼睛没有什么两样，具有出色的识别能

力。为了了解章鱼的识别能力，生物学家对章鱼进行了利用图形的试验，以便了解它在这方面的"才智"究竟怎么样。

他们把8头章鱼分别放入8个水池中，用一根透明的棒吊着一幅图案，让章鱼"观察"30秒钟，如果章鱼扑向这个图案，就奖给它食物。然后把图案倒过来，如果章鱼还是扑过来，就用四五伏特电压"惩罚"它。

这种奖惩结合的试验每天进行20次以上，对8头章鱼反复抽查。在这项试验中，章鱼搞清了图案的明暗、大小、图形和方向，这表明它们的学习能力比老鼠和鸽子还要高明。而且章鱼还有抽象的识图能力，就是说，它能将相似形和左右相反的图象分开，这一般是高等动物才具有的能力。

章鱼会改变体色是相当出名的。人们会认为由于章鱼有一双好眼睛和灵敏的脑神经节，那么随机应变应该不成问题。实际上章鱼是个色盲，分不清红黄蓝绿。那么章鱼又是凭什么把体色变得与环境一致呢？一般解释是，章鱼能感知到周围各种颜色光线的波长，然后由脑神经节调整体表色素细胞颜色。不过这种解释没有得到证实，所以章鱼是怎么改变体表颜色的还是不清楚。

章鱼"才智"似乎得益于它的视觉，它的腕足上的吸盘也可以获知外界信息，还能够记忆、学习。把章鱼的眼睛蒙上，它仍能识别图案的实验便是证明。

不过章鱼并非完美无缺，面对迷宫它就无能为力了。有人认为，这可能是由于章鱼身体太柔软，没法把握自己的姿态，也不能判断出空间的位置造成的。

一般人觉得章鱼是个令人讨厌的东西，而在日本，它却作为一个惹人发笑的家伙让人感到亲切。

人体自燃之谜

　　一种名叫鼻鹱的海鸟，在遇敌时能从嘴里喷出恶臭的油类。因为它体内布满这种油，遇火能燃，所以苏格兰居民偶而捕到它以后，喜欢点燃这种鸟的身体当火炬玩。

　　如果有谁来到北美的印第安人部落，可以看到稀奇的"鱼蜡烛"：昏黄的灯光从鱼嘴里缓缓射出。这"蜡烛"是用艾乌拉霍鱼制作的。艾乌拉霍鱼的样子很像香蕉，长不过30厘米，由于它体内含有大量的油脂，人们只要将灯芯插进干鱼的肚子里，就可用来点燃照明了。

　　在太平洋的科隆群岛，生活着一种海鬣蜥，能在海水中游泳、觅食。有趣的是，海鬣蜥在发怒和争斗时，会从鼻孔喷出阵阵烟雾来。

　　大千世界有许多稀奇古怪的事物，而人体能够自我焚烧，恐怕是最不可思议的怪事之一了。

　　女大学生玛丽长得很漂亮，她上完体操课以后，就与同学凯瑟琳一起去洗澡。在浴室，这位法国姑娘像平时一样高高兴兴，跟别人开着这样那样的玩笑。突然，人们看见她作了一个怪相，好似发生了什么意想不到的事儿。紧接着，她的耳朵和嘴里就开始冒出浓烟，全身也随即起火了。她大声惊叫。其他20多位同学与教师都被吓呆了，面对这突发的灾祸和玛丽的哭喊竟束手无策。这位可怜的姑娘被猛烈焚烧了大约10分钟，就化成了灰烬。

目击者和调查人员认为，没有别的起火因素，这只能是自我焚烧。可叹的是，玛丽不过是自我焚烧事例中的一个。

1950年10月的一个晚上，伦敦的一家夜总会里热闹非凡，一位19岁的女郎正和男友跳舞。突然间，一团团火球从女郎的前胸和后背迸发出来，几秒钟就使女郎浑身着火。大家立即救火救人，可她已经死了。所有在场的人都证明，火来自她的体内；警察最后只能判定她"被来源不明的火烧死"。

1966年12月5日清晨，人们发现美国宾夕法尼亚州92岁的老翁贝纳塔利，倒卧在他自己的卫生间里，已被烧成了一堆黑炭。奇怪的是，他的右脚完好无损地留在地上，脚上的皮鞋连烘烤的痕迹都没有。法医检验后认为，如因其他原因烧死，内脏不会烧毁，可贝纳塔利身体的90%以上包括内脏全成了灰烬，所以他的死因只能是人体自焚。

1989年，比利时布鲁塞尔有一对名叫雷斯和蒙娜米的男女，在林荫道上接吻时，两人背上同时起火，不到一分钟就被烧成了火炭。

不光是活人能自燃，死人也能自燃。例如，1973年12月7日，美国威斯康辛州一名50岁的妇人，死后第3天在教堂举行丧礼时，尸体在棺内被火烧毁。经过法医的详细检验，证明这属于尸体的自燃现象。

是不是因为外国人的体质特殊，才会发生自燃现象呢？不是的。在中国人身上也出现过这等怪事，澳门报纸曾经这样报道过：1983年11月24日上午，一位姓李的印刷工人在理发，围在他颈部的毛巾突然冒出了青烟，他的皮肤也被烧焦了。据他自己说，他这种身体"喷火"现象已不是头一回了。

湖南湘乡市有一个4岁半的男孩，名叫唐江，他在1990年4月15日早晨起床后不久，他奶奶见他裤子里冒起了烟，就急忙扒下他的裤子，尽管奶奶的动作很快，可唐江身上穿的3条裤子已被烧糊。奶奶让唐江睡进被子里，被子又冒烟燃烧。前后不到3个小时，唐江自身就燃烧了4次。经湖南医科大学附属第一医院的医生检查，小唐江的会阴部、阴囊处、大腿旁、右前臂等身体多处都有不同程度的烧伤。

人体自我焚烧的首例报道，发表在1673年意大利的一份医学杂志上。报道中写着，一位名叫帕里西安的男子，躺在草垫床上晒太阳时被化为灰烬，只剩下头骨和几根指骨，但草垫床依旧保持原样。

奇怪的是，晒太阳被焚化的事例在1990年也发生过。德国28岁的杰达与好友维尔宾达到多米尼加去旅游，第2天去海边晒太阳，想使自己的皮肤变成有光泽的棕色。她们觉得海滩上的阳光很厉害，维尔宾达便先跑到林荫下去了。很快，人们见杰达全身起火，瞬间她就被焚烧成灰烬。

300 多年来，类似以上"自焚"的怪事已有 200 多起。据记载，"自焚"的男女比例大致相同，年龄从 4 个月到 114 岁都有。

好端端的一个人，竟然能从自己身上"喷"出火来，甚至可以把自己化为灰烬，原因究竟是什么？直到现在，医学家们虽经百般探求，仍然对此困惑不解，于是只能提出各种不同的解释。

山东有一中年男子，半年内多次从口中喷出火来，烧焦过自己的眉毛和胡子。有的医生认为，这与他患有胃癌有关，因为自从他切除胃部的癌肿后就未再"喷火"了。可为什么众多的胃癌病人中，唯独只有他才"喷火"呢？

有的说，"自焚"是人体内磷质积累过多的结果。可是，4 岁半的唐江，甚至 4 个月的婴儿，体内又能积累多少容易着火的磷质呢？

也有人推测，这恐怕是人体内有一种比原子还小的"燃粒子"在某种条件下引起的。那末，如果"燃粒子"人人都有的话，为什么在相同条件下（如一同跳舞、一同晒太阳），并不是人人都"自焚"呢？

可能接触了外来火源（如点火抽烟、火炉爆发出的火星等等）的设想也说不通，因为不少人是在划船、散步、跳舞等情况下自燃的，火源又从哪里来呢？

一句话，"自我焚烧"至今仍然是一个未能找到原因的自然之谜。

人体带电之谜

　　我还在上小学的时候，就从一本科普杂志上了解到，在太平洋的浅海底有一种叫电鳗的海生动物。它们身上经常蓄集着大量电能，当一些小鱼靠近的时候，它们身上会发出一股强大的电流，把小鱼击昏，然后吃掉。这也是电鳗用以自卫的武器。后来通过一部科教电影，我终于亲眼见到了这种在海底像幽灵一样飘忽不定的电鳗。又过了一些年，当我视野更开阔以后，我知道，除了电鳗，世界上还有不少动物的身上可以产生电能。

　　人类本身也是带电的，比如我们身体内部传导各种感觉的生物电流，但是事实告诉我们，在某些人身上却能产生相当强的电流。科学家告诉我们，人体每单位体积的肌肉细胞都能产生微弱的电流，但是能使别人产生电击感的强电流是如何在某些人身上产生的，至今还是解释不清的事实。

　　科学家曾提到非洲祖鲁族的一个 6 岁男孩，他身上产生的电能可以毫不费力地击昏一个轻轻触及他身体的成人。有人曾让他在英国的大城市里做过放电的演示。还有一个生于法国圣乌尔本的婴儿身体也能放出很强的电流，他使所有触摸他的人都感到电击的疼痛。而另外两个20世纪50年代出生的婴儿身体放电现象更是奇特，一个能给电瓶充电，另一个能使他身边的物体发生振动。这些人体放电现象都

发生在孩子身上。而另一些人体放电现象也出现在成人身上。

那还是在20世纪之初，1920年的一本电学杂志报道，在英国一所监狱中有34名犯人发生了食物中毒。在发生食物中毒事件的同时，这些倒霉的犯人身体都带了电，他们甚至不能把手中的纸片扔掉，金属物品会牢牢地吸附在这些食物中毒者身上，别人拉都拉不下来。他们甚至能干扰指南针的指向。但是，一旦他们经过救治摆脱中毒状态后，上述带电现象便全都消失了。

科学家对人体带电现象的研究已经进行一个多世纪了。第一个成为科学家研究对象的人是一个法国14岁的女孩。她的左臂上下会产生一种很强的吸引力或排斥力，一位当时的物理学家认为，这种力"很像是电磁力"。这种力能使靠近她的物体移动，相当重的家具都能在这种力作用下跳动或移动，这种力也能严重影响指南针的指向。法国科学院曾组成了一个研究小组对这个女孩进行研究，最终没有得出有说服力的解释。据说，当这个女孩身上不可见的力在增强时，她会不自觉地抽搐，心率达到每分钟 120 次。每当这时候，她都会恐惧得逃出家门。

19世纪末，美国密苏里州有一个小女孩名叫珍妮·摩根，她产生的电压之高有时竟会在身上出现噼啪作响的电火花，人们都尽可能离她远一点儿，有人不小心碰到她就会遭到电击，严重的会失去知觉。

后来不断发现的带电人除了有上述现象外，有的会被牢牢地吸在地面上，有的能用指尖吸起几千克重的金属或其他物体。20世纪80年代以来，在苏联、英国等地，对这种带电人也陆续有所发现。苏联带电人是一个成年女性，她在一天之内身上的电量呈规律的变化。而英国带电人是一个女孩，她在电视上露面时手掌上吸满了银光闪闪的餐具，令人叹为观止。据这个女孩说，她简直没法控制身上的带电现象，这是天生的。

人体带电并不奇怪，现在的小学生都做过人体带静电的实验：把梳子在头发上梳几下，头发就会被吸起来，一根根立在头上。有时候，人体与尼龙类衣物摩擦也会产生静电，甚至在与别人握手时产生电击的火花。在人类的神经系统中，人的感觉器官受到刺激就会用电流通过神经系统把感觉传达给中枢神经，使我们产生冷、热、疼、痒等种种感觉。在进行心电图检查时，医生使用的心电图仪就是利用心脏各部位产生的生物电流。

上述的人体带电现象一般来说是极其微弱的，远达不到发生电火花和电击的程度。即使有的人体带电现象强度比这要大一些。人体强烈带电的现象并不普遍，是极个别的现象。为什么同是人类差别会如此之大呢？

有的科学家认为，人体强烈带电现象可能与分子水平上的人体代谢有关。在某种体质或状况下，有的人体内就可能形成一个大电池，一旦与外界构成回路，就会产生放电现象。但是有的人体带电现象很特别，他们并未与外界接触却能产生类似电磁力的力，对环境造成影响。是这些带电者体内有相当大的电流流动吗？

　　人体强烈带电现象也许是解开许多人体奥秘的钥匙，对这种现象进行研究并利用人体带电现象，将来会证明是非常有意义的。

突然发生的灾害告诉我们什么

　　如果要问人类是何时开始征服自然的，那么可以说当人类学会了使用火的时候，就开始了这场永无止境的奋斗。从人类学会打制石器到今天，只经过了几万年，人类已经取得了征服自然的许许多多伟大成就，甚至在几百年前还被视为人类活动禁区的天空、海洋、地下……如今到处都留下了人类活动的痕迹：人类的足迹已踏上了月球；宇宙航天器飞出了太阳系，成为人类向其他星球智慧生命派出的使者。

　　那么，我们能说今天的人类已经完全掌握大自然了吗？当然不是，我们还远远没能掌握大自然。经常发生的突然灾害，常常袭击人类，使人类措手不及。这些灾害就像一个个恶魔在我们周围徘徊，伺机袭击我们。我们今天之所以还不能完全防御自然灾害，一方面是由于灾害的规模极大；另一方面是由于灾害在发生之前往往没有什么迹象，发生得十分突然，这是人类千百年来一直苦苦思索的一个自然之谜。相传在大西洋底的亚特兰蒂斯大陆（大西洲）就是在一次大规模的地震发生后沉入洋底的。突发灾害可以说是人类发展过程中的一个又一个凶险的关口。

　　人们亲身经历过的灾害举不胜举。远的不说，1902年发生在圣彼埃尔岛上的培雷火山大爆发，就完全摧毁了这个大西洋上的居民点。

据目击者说，5月8日早上7点45分，随着一声惊天动地的巨响，培雷火山爆发了，事先没有任何迹象。巨大的轰响像有几千门大炮在齐射，整个圣彼埃尔岛都笼罩在熊熊火焰之中，千万居民几乎同时死于这场灾难。在海港锚地停泊的18艘船只中，只有一艘英国轮船侥幸逃出险境。以往默默无闻的圣彼埃尔岛因为这一惨祸而扬名世界，但在这之后出版的世界地图上，圣彼埃尔岛不再存在。

圣彼埃尔岛的惨剧已成为历史，可是至今仍困扰着科学家的是，培雷火山爆发之前真的一点迹象也没有吗？当时许多休眠火山乃至死火山冒出一点水蒸气和气体并不是稀罕的事，培雷火山在爆发一年前也曾有人目击到有水蒸气从火山口喷出。在1902年4月2日和当月底还有人看到火山口喷发过火焰，火山灰还降落到圣彼埃尔港。但是这些现象对上百年来住在火山附近的居民来说已司空见惯，人们对这一灭顶之灾全无防范。当培雷火山山崩地裂般喷发，炽热的火山石、岩浆把居民包围时，要想躲避已来不及了。

1958年7月9日在加拿大利兹亚湾的突发灾害，也是骇人听闻的。那天夜晚，利兹亚湾海面风平浪静，四周静悄悄的。停泊在海湾里的轮船也都安静了下来，水手们进入梦乡。10 点 16 分，突然一阵巨响惊醒了轮船上的水手，船身剧烈晃动，他们感到像是发生了地震。水手们涌上甲板。眼前的景象使他们惊呆了：像水墙一样的巨浪劈面向船压来，逃脱已经来不及了。

据当时在场的目击者说，海湾中的巨浪最高时达 520 米，比美国纽约 100 层的帝国大厦还高 100 多米，是人类历史上被人目击到的最可怕的巨浪。在此之前的最高纪录为 147 米，是 1936 年 10 月 27 日发生的，地点也是在利兹亚湾。巨浪摧毁了船只，还席卷了沿岸的森林，将成千上万株粗壮的树木连根拔起，卷进大海。值得庆幸的是，这一带人烟稀少，没有给居民的生命财产带来更大的损失。原来加拿大有关部门曾打算把利兹亚湾开辟为旅游地，但由于这里发生了一次高过一次的巨浪，不得不打消了这个念头。

利兹亚湾发生的这次巨浪，是由一场 7.9 级地震引起的，大地震引发了海啸。与圣彼埃尔岛的火山爆发一样，事先也没有给人们提供足够做出判断的迹象，即便有的话恐怕也被人们忽略了。

富士山是日本一座著名的死火山，但从 1989 年起人们发现了许多异常现象，比如富士山顶发生了几次有感觉的地震，有的山坡地段还发生了地表坍陷。于是一些地震学家警告，富士山即将复活为一座活火山，有可能发生火山爆发。根据历史记载，富士山最后一次喷发已是 300 年前的事了。现在富士山周围有许多高科技企业，如果富士山一旦爆发，造成的损失将是巨大的。但如果就此把这些工厂迁到安全地带，如果富士山没有爆发，变成一场虚惊，这损失之大也是不可想象的。由于处在进退两难的境地，日本科学家们只能昼夜加强对富士山的监视，以便在大难临头之前采取对策。这是最佳选择，但也是最没有把握的选择，因为人类毕竟还没有完全发现这类灾害发生的规律。

可以肯定地说，突发的自然灾害是有规律的，而这规律就像是捏在大自然"手"中的谜底，尚未被人们认识。渴望揭开这一谜底的人类，还需要作出不懈的努力。不过我们坚定地相信，只要勇于探索，就一定能掌握突发灾害发生的规律，并在这种灾害发生时把损失减少到最低限度。

地球生命在宇宙空间会发生变化吗

在地球上生存和进化的生物，在地球以外也能生存下去吗？这个问题貌似简单却难于回答。

迄今为止，科学家们已在极小的规模上，在宇宙空间对细菌、植物和一些小动物进行了生命循环的实验，即考察它们的诞生、成长、繁殖和死亡。结果表明，某些鱼、小昆虫和两栖类在空间环境中生长良好。科学家们对生命所具有的顽强力量惊叹不已。

不过，一些学者指出，这些实验进行的次数很少，范围也相当有限，因此结论不宜下得过早。他们指出，在上述实验范围中使用的动物卵和植物种子，都是在地球上育成的，而不是在地球外环境中培养的。

1980年初，苏联"礼炮"号空间站和美国航天飞机相继进行了植物实验，这是地球上的植物种籽在宇宙空间生活的最初的实例。但是在"礼炮"号空间站结出的种籽多数没有发芽，即使发芽了也没有正常生长。在航天飞机内进行的一系列实验中，科学家们发现植物的染色体发生异常，其中有的染色体严重缺损。

为了探明确切的结果，1985年美国天空实验室又进一步实验。在空间环境中受精的某种动物的卵，几乎在生长的最初阶段就停止了发育，更谈不上孵化了。应当说，人类不可避免也要受到失重环境的影响。对 1980 年年初到年中，长时间留在空间站上的前苏联宇航员采血化验表明，他的血液中的白血球呈明显的异常。这似乎说明，在空间环境下，人体对疾病和细菌的天然防卫系统受到了损害。

美国天空实验室进行了另一项实验。实验表明，细菌在空间环境中比地球上生长要快，对抗生物质的耐力显著增强。以上实验意味着，在空间环境中生活的人抵抗力要减弱，而致病细菌却更活跃。

为了更详细了解宇宙空间环境给予生物的影响，美国航空航天局执行生命科学计划的科学家们，考虑发射以"生命"命名的人造卫星。这是一种生物卫星，可反复发射。这颗卫星实验室搭载着电源装置、电视摄像机和录音设备，并配备了环境控制装置。这颗卫星可以在轨道上逗留一个月时间。

"生命"卫星于 1990 年初被送入地球轨道。由于这种卫星是一种

非常小型的卫星，因而可以直接挂接在空间站的外壁上。美国航空航天局的生命科学实验多数是在这种小巧而价格低廉的自动实验室进行的。

一直对老鼠的胚胎进行实验的、在美国航空航天局供职的解剖学家迪克·基夫说，对于胎儿的心脏、神经组织、骨骼，以至体内的结缔组织在宇宙空间中是如何形成的，有研究的必要。他警告说，由于女性的身体对放射线反应十分敏感，因此我们应当研究在宇宙空间为婴儿接生之前，用老鼠进行传宗接代的实验，这是十分必要的。如果我们要把某位女性反复送入空间站，那么她的身体就要多次暴露在放射线之中。

在我们为了准备离开地球、长时间留在宇宙空间而寻找如何使人体适应的方法之前，必须首先知道我们体内的细胞在相应的条件下会发生何种变化。

地球为什么会发狂

一段时期以来，科学家们以焦虑的心情不断向人类提出警告：地球正面临危机。世界范围内气候异常，沙漠在不断扩大，洪水泛滥，地震频繁，火山爆发，甚至连动物也开始显得"神经错乱"。

地震及随之而来的雷击、火灾、崩塌对人类来说是最可怕的灾难。一场地震能在瞬间夺走数万人的生命，破坏房屋、道路，使城市变成坟墓。人类目前还无法准确预报地震，更不用说抵御地震了。20世纪世界上发生的最大一次地震于 1988 年 12 月 7 日发生在苏联的亚美尼亚，震级为里氏 7 级死亡人数约 2.5 万。

飓风在世界各地肆虐，受害最重的是墨西哥湾沿岸和印度洋沿岸等地区。1988 年 9 月 16 日，"基尔伯特"飓风把墨西哥沿岸的船只掀到岸上，把汽车吹得在地上翻滚，把飞机像纸片一样吹上天空，又扔在地上……

旱灾也像鬼影一样折磨着世界各地的居民。由于久旱无雨，非洲的沙漠在日益扩张，美国一些地区农作物颗粒无收。

在这个地球上，有的地区因缺水而焦急万分，而有的地区则因洪水泛滥成灾而苦不堪言。1988 年 8 月，非洲尼罗河流域的苏丹被洪水袭击，有 150 万人流离失所，几千人被淹死。由于卫生条件太差，又导致疾病流行，目前旱涝灾害在交替袭击人类。

夏天再热一点儿，冬天再冷一点儿，对人类来说还挺得过。可是如果寒暑颠倒的话，那就是一场灾祸了。1989年初夏，美国南方的柑橘产地佛罗里达半岛盛夏时却遭到了寒流的袭击，一条条冰溜子从硕果满枝的柑橘树上垂挂下来，使农作物遭受了极大的损失。

在全球气候异常的同时，非洲大陆又爆发了空前的蝗灾。大群蝗虫飞起，遮天蔽日，庄稼转眼间便被啃食一空，连秸秆也未留下。大群蝗虫可以长途迁徙，借着风力飞向欧洲和亚洲。它们夺去了人类的食物，使土地沙漠化……动物似乎也发生了"精神错乱"，其中最令人不解的便是鲸的集体自杀，它们不顾一切地冲上海岸，这是为什么呢？是它们迷失了方向吗？还是地球对它们来说已经变成了一个无法生存的垂死星球？

为什么地球会发狂？也许，这是地球对肆意破坏生态环境的人类的报复？有人认为，地球才 46 亿岁，走向毁灭本应是发生在千万年以后的事，如果人类不正视地球正在发生的异常现象，那么这一天也许会提前到来。个别悲观的学者干脆认为，这是地球将沦为一个垂死天体的前兆。总之，这还是一个谜。当然，人类还无需这样悲观，但必须予以重视。

谁识寰球"缩地之术"

在日本和歌山县太地町附近,有一座海上保安厅的下里航道观测站。每当大地测量卫星露出地平线,这座观测站的激光测距仪就会向它发射绿色激光信号。而大地测量卫星表面安装着大量棱镜,可将射来的激光束按原方向反射回去,精确测量激光束从观测站发出和返回的时间,就可以十分准确地计算出观测站与卫星的距离。就是说,利用这种方法可以求得观测点的精密地理位置。这种方法称为"人造卫星激光测距"。自 1982 年以来,下里航道观测站就一直在从事这种精密测量,以确定日本列岛的准确地理位置。不过,单独进行的观测无法得到精确的结果。这个观测站还参加了由美国航空航天局组织的"地壳力学计划"国际共同观测,与世界各国观测站经常进行资料、数据交换。

这种长期进行的精密观测、测量能够了解观测点的位置变化,也就是位置移动情况。世界各国观测点的移动就可以成为研究地球板块移动趋势和实测地球板块运动的依据。地球表面覆盖着 10 多块巨大的板状构造物,称为地球板块。地球板块厚达 100 千米左右,科学界一直认为,地球板块在缓慢地移动。

根据对最新的资料、数据分析得知,下里观测站与德国的韦茨拉尔,美国的夏威夷、格林贝,澳大利亚的亚拉卡之间的地理距离正在缩短。

目前大地测量卫星除日本的"紫阳花"外，还有美国的"拉基奥斯"和法国的"明星"。这些大地测量卫星的轨道高度在 1000 千米到数千千米，要把纤细的激光束准确地照射到这些卫星表面需要仪器对卫星有很强的跟踪能力。从卫星表面反射回的激光信号极其微弱，要接收并准确计算出激光束的往返时间，也需要掌握高超的技术手段。目前测量精确度已经达到误差在 1 厘米左右。

汇集到世界各地观测站的数据还要经过大量计算和分析，由此就可以得出卫星的准确轨道、观测站的地理座标、地球形状和质量偏差、地球自转轴状态等。

为了确定观测站的精确位置，还可以采用"超长基线电波干涉仪"这一技术。这种技术是为了确定来自宇宙空间的电波方向和了解其"含义"而发展起来的。分别在两地的接收天线接收到同一电波信号，就可以测定电波信号先后到来的时间差。这种技术不受气候左右，与大地测量卫星相比，具有得到结果快速的长处，在确定电波方向后，根据电波到来的时间差就可以确定两天线间的位置关系。如果两座天线分别处在不同地球板块上，持续观测就可以了解这两个板块相对运动的情况。

由于人造卫星激光具有与其他观测站无关、可单独确定观测站位置的优点，所以这两种方法的精度可相互对照，可收到珠联璧合、相得益彰的效果。

最近几年，人造卫星激光测距观测和超长基线电波干涉仪技术已直接用于测量地球板块的运动，而且所获数据彼此吻合，这个结果与多年来根据实际考察得出的推测值也相一致。比如，太平洋板块据认为正在逐渐靠近日本，根据实测结果，下里观测站与夏威夷之间正以每年 78 毫米的速度在接近。澳大利亚板块上的亚拉卡和格林贝也在向日本靠近，尽管这些地点靠近日本，而同时又有另一些地点在远离日

本。根据人造卫星激光测距得出的结果，下里观测站与德国的韦茨拉尔之间，每年正以 38 毫米的速度在接近，引起了人们的关注。由于日本与欧洲大陆同在欧亚大陆板块上，科学界历来认为两者之间距离不会发生变化。上述数字并不是绝对值，据参与分析的科学家说，上述数字也在变化中，但是每年数厘米的变化确实发生过，这种变化是不容忽视的。

那么，下里观测站与韦茨拉尔之间的距离变化是怎样发生的呢？科学家对此做出了如下推测：

1. 欧亚大陆板块并不是一个整体，其中存在一个未知的板块边界；

2. 地球板块并不是一个完整的刚体，可能存在伸缩性；

3. 日本列岛周围是一些"挤入"欧亚大陆板块的地区，所以在其他板块的挤压下，日本列岛存在着局部复杂运动。

　　造成上述板块运动的起因究竟是什么，或者存在着完全出人意料的原因……科学家们对地球板块运动怀着浓厚的兴趣，但是要解决这个问题还需要积累更多的观测数据。由于日本处在欧亚大陆板块的边沿，受到其他地球板块的挤压，所以第三种可能性值得认真推敲。但是东亚地区观测站不足，有必要在西北太平洋进行集中观测。为了揭开日本与德国韦茨拉尔靠近之谜，世界各国许多科学家期待着有关地区实施一项大规模观测计划。最后不管答案怎样，都会引起人们的莫大兴趣。

地球可能的灾变

假如我们能从几千千米外观望地球，我们会看到一颗晶莹剔透的蔚蓝色星球，云蒸霞蔚，气象万千，令人赏心悦目。但是当我们乘着飞机，从 10000 米左右的高空望下去时，我们会遗憾地看到地球表面像饱经风霜的老人脸，布满了皱纹：陆地上山川密布，海洋上波涛汹涌。我们会看到巨大的裂谷、幽深的坑穴……

站在大陨石坑边，你会头晕目眩

大约两万年前，一个重达 10 万吨的陨石一头撞在今天美国亚利桑那州的土地上，造成了一个深 170 米、直径达 1240 米的大坑，人们站在这个大坑边会感到头晕目眩。这就是著名的巴林杰大陨石坑。类似的大陨石坑在加拿大、澳大利亚等很多地区都有。不言而喻，随着巨大陨石的下落，肯定会给当地带来了一场浩劫。

不久前有学者说，地球曾有过 4 个卫星，前 3 个由于在运行过程中过于靠近地球，而被地球俘获，结果造成了地球上的三大洋：太平洋、大西洋、印度洋。现在孤悬夜空的月亮就是那最后一个卫星。人们很难想象，在"俘获"这三个卫星时，地球会是什么模样。

1908 年 6 月 30 日黎明时分，在西伯利亚贝加尔湖和通古斯上空，发生了一场震撼世界的大爆炸，绵延 2000 平方千米的森林被摧毁，1500 多头驯鹿死于非命，欧洲、美洲的地震仪都记录到这次震动。这场爆炸相当于引爆了 400 万吨 T．T 炸药或 200 多个投在广岛的原子弹。通古斯大爆炸被认为是20世纪发生的最神秘的自然事件。

现在人们可能明白了，为什么有那么多的科学家在"杞人忧天"，以紧张的心情密切注视着我们头顶的天空和脚下的大地。

地球是人类和万物得以安身的"诺亚方舟"，地球的命运就预示着人类的命运。20世纪80年代初，一些颇有名望的科学家集合起来，对地球本身和地球所处的宇宙环境进行了深入的分析，指出了一个在相当长的岁月中，地球可能遇到的危险。

对人类的另一个威胁来自南极

南极的冰盖在阳光下发出幽蓝的光芒，它覆盖了大约 1500 万平方千米的南极大陆——相当于美洲大陆的两倍，地球表面积的 90%，平均厚度达 1.6 千米。地球淡水的 90%，便集中在这厚厚的冰盖之中。如果这层冰盖一下子滑落海中，那么大洪水将席卷全球，人类几千年的文明便会荡然无存。而能导致南极冰盖融化的恐怕只有地极的移动。做出这种预言的美国科学家奥钦克罗斯·布朗遭到人们的嘲笑和冷落，他一直到死都闭门谢客，长期从事地极移动的研究。他的研究成果直到他离开人世都未被人们所接受。根据布朗的预言，如果发生这种大灾变，纽约将没入 20 米深的水下。这个数字他算得很准确。他说，在北极附近生活的因纽特人（爱斯基摩人）也许能幸免于难，因为极地附近受大洪水的影响最小。

早在 1948 年布朗就指出，由于南极冰盖的不断增厚，有使地球自

转失去平衡的危险。他呼吁应集中全人类的力量制止南极冰盖的增厚。但这谈何容易，以人类目前的能力还难以办到。迄今为止经历过的 10 次冰川时期，支持了布朗的预言。在第一冰川期中，苏丹盆地变成了北极，在第二冰川期中，哈德逊湾（在北美）变成了北极。

1939 年，弗洛伊德完成了他的最后一部著作——《摩西与一神教》，在这本书中他讲述了犹太教的心理学及历史起源。美国人曼努埃尔·贝利科夫斯基在研究弗洛伊德的思想时，在《圣经》"出埃及记"一节中发现了这样一个传说：以色列人在逃出埃及时，发生了一场天灾地变，海水一分为二，西奈山喷出火焰，云和火遮住了天空。贝利科夫斯基经多年研究发现，这个传说恰与历史事实相吻合，当时地球与另一小天体发生了碰撞。

贝利科夫斯基认为，金星是 4000 年前脱离木星的一个彗星，由于它异常靠近地球而使地极发生了移动。金星造成的两次灾难，在古代遗留下来的文献中都有所记载。

火星异常靠近地球也给地球带来了灾难。贝利科夫斯基认为，火星最后一次异常靠近地球是在公元前 687 年的春天。据中国竹简记载，那天夜里，流星如雨点般落下，山摇地动。

贝利科夫斯基说，地球温度升高、地极移动、自转速度发生变化、地轴倾斜的大灾变至少发生过两次，一次在公元前七八世纪，一次在公元前 1500 年左右，前者是由于火星，后者是由于金星异常靠近地球造成的。《圣经》中就有关于公元前 1500 年那次灾变的记录。

可以肯定地说，地球经历过沧海桑田的巨变，这种变化往往是经过成百上千年建立完成的，但是也可以肯定地说，"灾变"也发生过。像地震、与小天体的碰撞等，对人类的威胁就来自这种"灾变"。今天美国宇航局跟踪着每一个可能坠落到地球上的小行星，以便在灾难到来之前做好准备，或是摧毁它。

预测还不等于事实。很多人，包括一些科学家在内并不相信地球会毁于一旦，地球虽然千疮百孔，但它仍然在转动着。可是，不足以摧毁地球的因素，却足以毁灭人类和其他生物，这也是地球演化史告诉我们的。也许在遥远的将来，人类会做好应付一切灾变的准备。

月球之谜

一

　　在人类本身到达月球之前，人们曾抱着极大的期待，希望在月球上发现其他行星的生物访问过月球的"证据"。但是6次往返月球和地球的美国宇航员，始终一无所获。

　　不过，有些人通过望远镜观测到的月球表面奇观也很不寻常，其中最惊人的记录是美国《纽约先驱论坛报》科学编辑约翰·奥尼尔在1954年发表的，他声称有人在月面危海发现了一个巨大的桥形物体。有趣的是，当其他名噪一时的天文学家把自己的望远镜指向月球时，也确认了那里存在一个桥形的物体，其中一位称那座"桥"全长19千米。

　　要是真有此物，那么这是一座桥呢，还是自然形成的地貌？英国著名天文学家威尔金斯在英国广播公司的节目中说，那桥形物"像是人工建造的"。当有人问及那座"建筑物"的详情时，他回答，可以说那是运用技术建造的。他还补充说，这座"桥"投在月面的影子看上去与普通桥梁十分相似。这位月球研究权威说，照进桥下的阳光清晰

可见。听众莫不大惊失色。

当然，那时对月球的观测并没有提供支持这种发现的证据。与威尔金斯博士相反的意见认为，把自然形成的月球表面地貌看成"桥梁"和"建筑物"是由于月球距地球十分遥远，从而造成了观测上的误认。

但是不能圆满解释的月面现象也确实存在。在"阿波罗"宇宙飞船到达月球之前很久，也就是在几十年乃至几百年之前，在月球观测者们只能借助望远镜来研究月球的时代，才干出众的天文学家们曾目击到月面上的移动光点和白热光芒。伽利略就曾留下这方面的观测记录。天文学家们一向认为，月球上不存在生物，没有空气，因此也就没有风，没有风化现象，应当说月球是一个地貌根本不会变化的天体。但是事实证明月面地貌在某些地区确实在发生变化。

德国天文学家约翰·西洛塔曾在 100 多年前，对月面一座 9.6 千米直径的环形山进行了几十年不间断的观测，留下了一些极不寻常的记录。他发现这座环形山在逐渐变小，趋于消失。现在这座环形山只是一个被浅而小的白色堆积物包围的小点而已。根据"阿波罗"15 号拍摄的照片证实，这座环形山现在是一座直径只有 2.4 千米的小环形山。这座环形山发生如此变化的确切原因，现在还没有人能够说清楚。

曾担任美国明尼苏达州达陵天文台台长的弗兰克·哈尔斯泰德与助手以及 16 名访问学者一起观测月球，他们发现在一座现在已不存在的被称为"小短笛"的环形山上有黑色条纹。在其他天文学家确认那条黑色条纹存在之后不久，那条黑色条纹（或"黑线"）就突然消失了。

有的美国科学家通过月震试验得出了月球很可能是一个中空壳体的结论，还有的科学家收到过来自月球的解释不清的无线电信号。

对这些月球现象人们一时还难下定论，所幸美国宇航界和俄罗斯宇航界正在制订和执行一项新的重返月球的计划。这个计划肯定会更广泛更缜密，有利于解开这些月球之谜。

二

科学家预言，月球将是人类的能源基地，下世纪的波斯湾。这是因为科学家在月面发现了氦 3。

以托卡马克装置为代表的核聚变技术已有了长足进步，也许距主动点火条件只有一步之遥，但是即使主动点火实现，由于反应堆材料和放射能问题的存在，核聚变技术的发展前途仍不平坦。尤其因放射能问题的存在，使号称"洁净能源"的核聚变研究面临着严峻的局面。

正因为如此，"重氢－氦3"（D－He3）的反应受到了科技界的特殊重视，与"重氢－超重氢"（D－T）反应相比，它产生的放射能问题要小得多。"D－He3"反应的这一特点很早就引起核聚变研究者们的注意，迄今为止已几度成为科技界议论的话题，这种反应的生成物由于大部会是带电粒子，可在开放型核聚变闭合装置中燃烧，直接发电。由于这种发电方式可大大提高效率，所以前景十分诱人。

国际科技界之所以把这一技术提上议事日程，是因为利用月球表面的氦3资源已不是可望不可及的了。

月球表面的氦3是太阳风从太阳带来的。太阳风等离子体的主要成分是氢，其中含有几十万分之一的氦3。这些氦3数十亿年来在月面的砂石中越积越多。与此相比，地球由于大气层的阻隔，来自太阳的氦3无法聚积，而由氢的同位素氚分解而得的氦3数量微乎其微。

每处理10万吨月面砂石便可得到1千克氦3，把这一千克氦3放在核聚变反应堆中燃烧，可以1万千瓦的功率发电一年。如果每年可利用的氦3达数十吨的话，就能满足21世纪全球居民对电能的需求了，而数十吨与月面拥有的100万吨氦3相比还是极小的一部分，开采氦3只需加温至1000℃，技术并不复杂。

不妨估算一下氦3从采集到运回地球的全部成本。若折合成石油价格，相当于每桶石油7美元，与目前国际市场上石油每桶19美元左右相比还便宜得多。在开采氦3时还有相当多的副产品，那就是氢、氮、碳等，也就是说可以得到人类在月球上生活不可缺少的基本物质条件。事情果真如此的话，当然是一桩天大的好事，但是要使这一设想变成现实，关键在于是否能造出容纳"D－He3"反应的核聚变反应堆。本来科学家们就因为核聚变反应温度太高为反应堆壁的材料发愁，现在温度进一步升高在技术上确有难度。

既然氦3成了当今能源专家们的话题，说明他们可能有了打破核聚变技术停滞局面的新线索。火星探测和月面开发是今后各国科学界要集中力量进行的新的科学事业。

不过，如何在月球上开采氦 3 并运回地球，恐怕仍是科学家头脑中的许多问号之一。要把它变为现实恐怕是许多年以后的事了。

三

如果有人打算到月球去找水，人们可能会嘲笑他的无知。因为我们都知道，月球上既没有大气也没有海洋，当然也就没有水，所以生物也就不可能生存。不过，我们不妨设想一下，如果月球上有水的话，该会给将来的月球开发带来多大的便利！现在，一些科学家已经开始考虑在月球上找水了。

从 1969 年 7 月"阿波罗"11 号宇宙飞船登月以来，"阿波罗"宇宙飞船已六次登月，从月面上带回大量岩石。对这些岩石的分析表明，月球岩石中根本不含水分，于是"月球上没有水"似乎成了定论。

月球上真的没有水吗？

对这个问题，美国行星协会副会长马雷给了一个肯定的答复，他认为月球上很可能有水。他的注意力放在月球两极，而"阿波罗"宇宙飞船没有到过那里。月球的自转轴几乎与地球的公转轨道面（即黄面）相垂直，所以月球的北极和南极的环形山中的低洼之处终年不见阳光，那里有可能蓄积着水。

在月球赤道附近，月面温度正午时是 130℃，夜间降至 −150℃，温差大得惊人。但是在月球极地，温度经常在 −200℃ 左右，在这种环境下冰是能够存在的。如果月球极地真的有水（冰）的话，对于将来月面基地的建设来说就是一个喜讯。水是人类生存不可缺少的要素，从水中又可以分解出作为宇宙飞船燃料的氢和助燃的氧（此外，分解月面岩石也可以制得氧）。

　　要探测月球极地，发射飞越月球南北极的极轨卫星是一个好办法。早在 1967 年，美国为了给"阿波罗计划"开路，曾发射过"月球轨道飞行器"4 号和 5 号，两个月球极轨卫星，给月球表面拍摄了相当详尽的照片，但对月球两极环形山黑暗的底部一无所知。所以，又有几位美国科学家提出发射月球极轨卫星的建议，尽管这个建议一时还不能全部实现，但在月球上找水确实可行的办法总算提出来了。从 1990 年到 1994 年，美国和俄罗斯相继发射了几个月球极轨卫星，获得的观测资料表明，月球两极不排除有水的可能。日本的宇宙科学研究所也在积极实施发射月球极轨卫星的计划。

　　科学家们认为，月球上有没有水还是一个待解之谜。如果月球与地球是以同样方式诞生的话，那么当初月球上也应当有水。如果能够发现月球上有水的线索，对于研究月球的成因和性质，也有相当重要的意义。

　　月球是地球在宇宙中最近的邻居，也是地球得以避开许多小天体直接碰撞的天然屏障，将来也可能是人类实现行星际航行的跳板，所以揭开那些我们现在尚不了解的月球之谜的意义是不言而喻的。

月球引力是地震的"导火索"吗

在日本东北部以东、距海岸 250 千米的海面下有一条深达 8 千米的海底深谷,"日本海沟"便从北向南贯穿其间。日本海沟是海底与大陆板块的交界处。向西移动的海底板块从这里"楔"入日本列岛之下,与大陆板块相错,经常形成大地震。

在这个被学者称为"地震巢穴"的地区,曾发生过三陆洋面的一连串地震。据观测,在大约 3 个月时间里共发生了 1200 次规模不等的地震,持续半年地震活动仍无停息的迹象。其中最大规模的地震达到里氏 7.1 级,三陆地区沿岸遭到了海啸的袭击。如果这样的地震发生在大城市下面,其后果就不堪设想了。

专家们对这一连串地震进行详细研究后发现了一种颇具启发性的有趣现象:当月球从正北或正南通过(通过子午线)之后,好象事先约定好了,立刻就会连续发生地震,尽管在月球通过正北方时处在地球的另一侧,我们看不见。

从以上谈到的地震中选出 5 级以上规模较大的地震,共发生 32 次,其中大约有 1/3,即 10 次左右的地震是在月球通过子午线后 1～2 个小时里发生的。如果平均计算在这一时间段内发生的地震次数,其结果为 32 次的 1/10,即不到 3 次。实际上在月球通过子午线后随即发生的地震次数为此值的 3 至 4 倍。那么究竟是什么原因造成了这一

奇异现象呢？

很久以前，人类就发现由于月球引力造成的地球海洋的潮汐现象。月球引力还会深入地球内部，使坚硬的地球板块伸长或收缩。地球板块所受的月球引力依月球的运行时间发生着变化。

日本三陆地区发生的地震刚好是在月球通过子午线2～3个小时后，这时月球引力作用的影响也最大。由此可见，地震与月球引力之间存在的联系不是偶然的。

从数量上来说，月球引力的作用是很小的，仅靠它是不会造成地震的。但是如果由于地球板块的运动使地震处在一触即发的关头，月球引力就起到了导火线的作用。

有关地震与月球引力之间存在联系的研究仍在深入进行，这一联系实际上是十分复杂的，正如地震的成因是多种因素共同形成的一样。但这种联系已被研究所确认。

天涯芳邻在火星

随着俄罗斯花费数亿美元建造的火星探测器轰然一声化为乌有，美国的火星探测器踏上迢迢征途，1996 年底火星和火星生命的话题成为舆论关注的热点。

大约 46 亿年前当太阳系形成的时候，地球和火星也差不多同时诞生了。今天我们观测到的火星表面到处覆盖着沙漠和岩石，可是火星一度曾是拥有海洋和温暖气候的行星。既然是这样，那么火星上曾经出现过生命吗？或者说有生命诞生的可能性吗？

对地球生命而言，约在 30 多亿年前在水的环境中出现了氨基酸、核酸碱这样一些低分子有机化合物，由这类化合物生成了生物高分子——蛋白质和核酸。以碳化合物为核心有机化合物通过一系列反应之后生命便出现了。科学家们一般认为，地球的原始大气以一氧化碳、二氧化碳、氮和水蒸气为主，很多科学家采用与曾在 1953 年进行的著名的"米勒实验"同样的实验方法，制成了种类颇多的氨基酸和核酸碱。

与这种化学演化实验的验证不同，近年一些研究表明，海底热水出口是地球原始生命诞生的场所。但是对生命诞生而言，最重要也是必不可少的核酸、蛋白质等生物高分子，以及作为细胞的构成物质——十分紧要的细胞膜，究竟是怎样生成的直到今天还没有弄清楚。

火星有诞生生命的可能性吗？

　　火星在形成之后的一段时期中，据认为与地球有着同样的演化历程，也就是曾经存在海洋，有奔腾的河流和冒着浓烟的火山。对此，火星表面有大量残迹可以说明，曾因水流而形成的"泪滴"状沙洲地貌就是物证之一。

　　科学家曾做过这样的实验：把宇宙射线中的主要成分质子流通过加速器照射火星原始大气——一氧化碳、二氧化碳、氮及水蒸气的混合气体，分析生成的主要成分。实验证明生成了乙氨酸、丙氨酸、天门冬氨酸等多种氨基酸。根据这种实验结果判断，火星原始环境与地球同样有生命诞生的充分条件。

　　火星上曾经诞生过怎样的生命呢？试以地球的情况为例做一点说明。地球从 40 多亿年前形成开始，经历了 10 亿年的化学演化过程，导致了原始生命的诞生。这种原始生命可能是具有原核细胞的简单细菌，也就是拥有为繁衍所需的携带少得不能再少的遗传信息的遗传基因，为了能量代谢把微乎其微的酶用膜包裹起来的构造简单的东西。此后又经过 20 多亿年，这种简单生命才进化为真核生物。

　　这个过程在火星该是怎样的呢？正如前面谈到的，火星在形成后大约 10 亿年，原始火星上有海洋，也有温暖湿润的大气，所以火星上出现与地球曾出现过的简单生物并不是难以理解的事。当然，海底的热水出口周围也应当是火星生命诞生的场所。但是此后火星慢慢"冷却"，生命进化的步伐变慢了，现在不清楚火星上是否出现过真核细胞生物。如果"冷却"的过程是异常缓慢的话，具有真核细胞，能进行光合作用的藻类生物有可能繁殖。如果"冷却"是急速进行的，火星上的液态水就会消失，那么不要说真核细胞，就连原核细胞是不是能出现都很难说了。

由此说来，火星是从什么时候、怎样"冷却"的，将是解开火星生命之谜的钥匙。火星表面存在大量超氧化物，火星上有水，通过发生化学反应生成了氧气，火星生命也许一跃而获得了呼吸氧气的生存形式，因此，我们不能忽视火星上曾诞生过相当复杂生物的可能性。

目前，解开这一疑问的关键在于研究资料不足，在不远的将来通过对火星的探测，以上问题应当能弄清楚。

目前火星存在生命的可能性有多大？

人类对火星生命的直接探索是在 1976 年，"海盗"号火星探测器率先出征，此举距今已 40 多年了。遗憾的是，当时"海盗"号否定了火星生命的存在。我们从那时"海盗"号拍摄的火星表面照片看到，整个火星地表都覆盖着红褐色，直径 40 厘米左右的岩石遍及视野，给人以荒凉之感，没有一丁点儿绿色。天空就像地球的晚霞那样是火红色的。

火星上存不存在生物，现在谁都难以断言，可是除了地球，在太阳系的行星当中，火星是最有可能诞生生命的。这种看法的根据就是火星上有水。前面谈到，火星曾存在过海洋，那么这些水跑到哪儿去了呢？要准确无误地回答这个问题，现在还没有掌握足够的资料，但是作为回答之一，在火星的极冠至少存在冰。在火星的南北极存在着冬季形成的季节性极冠，以及长年存在的极冠。季节性的极冠是由大气中的二氧化碳凝结而成，而长年存在的极冠主要是由水冷凝而成。火星北极冠直径 1000 千米至 2000 千米，厚度为 4 千米至 6 千米，扩展至北纬 75 度附近。南极冠要小得多，直径为 300 千米至 700 千米，厚度为 1～2 千米，位置在南纬 86 度以上。据认为，极冠之下是作为永久冻土的冰层，冰的总量如果折合成水的话，可以覆盖整个火星表面，水深达 6 米至 500 米。火星上存在如此大量的冰的事实是极令人吃惊的。尽管没有资料说明火星表面存在液态水，但是火星与地球相似，自转轴是倾斜的（地球自转轴的倾角是 23.5°，火星自转轴的倾角是 25.2°），一年中因此有四季的变化，极冠冰盖的周边部分将会或溶或冻。根据"海盗"号的观测，发现过火星地表的霜降，也就是说，在这种时候暂时存在液态水，由此可以推测某种生物也许至今仍能繁衍。

火星上如果存在生命，那是怎样的生命？

科学家曾模拟火星环境制作了一个实验装置，把各种各样的生物置入其中进行生存实验。对地球上形形色色的生物来说，大型动物和植物用这种装置来实验当然是不行的，从物种多样性来判断决定采用微生物进行实验，其中除了有充斥我们身边空间的霉菌、细菌外，还有只能在特殊环境（如高温或低温环境、无氧环境）中才能生存的那样一些"极限"微生物，也就是说采用尽可能广泛的微生物来进行实验。

生存实验结果表明，枯草菌的孢子、黑酵母菌孢子，乃至厌气性细菌和藻类在这个实验装置中生存的可能性都很大。为了解决火星极冠冰下埋藏的微生物是如何生存的，科学家用构成火星大气的气体制成的冰覆盖在枯草菌孢子上，然后用达到照射 2000 年以上剂量的紫外线和宇宙线照射，它们几乎全部安然无恙。根据这个实验推测，现在火星环境中，某种微生物也许能少量存在也可能繁殖，就算不能繁殖，其生存的可能性也是相当大的。

该到火星什么地方去探索生命?

说到探索火星生命,首先必须考虑到火星的地质年代和地形。在40亿年乃至35亿年前,火星同地球一样也有海洋,此后才逐渐"冷却"成为今天这种冰冷的行星,所以火星如果诞生过生命可能是在"冷却"之前的时期。现在认为,地球就是在这个时期诞生了原始生命,单细胞生物繁衍起来。

该到火星上什么地方去探索生命为宜呢?在火星地形中,火星北半球火山口少的地区是比较新的地层,是生命诞生以后才形成的。从地质年代来看,大约在40亿到30亿年前火星南半球形成的高原是由古老地层构成。因此,探索火星生命的首选地域应当是这种具有古老地形,特别是由流水冲刷形成的"水手谷"等地域。所幸火星上没有地球上的岩盘运动,古老地层古今如一。不过在这种地区找到仍生存生物的可能性不大,主要目的应是寻找原始生命的微小化石。如果要找到现在火星上仍生存的生物的话,那应当是在火星极冠的周围地区和地下永久冻土的含水层。

为了使地球型生物生存,水的存在是必不可少的条件。根据前面谈到的实验结果推测,在目前火星环境下有水存在的话,低温中的厌气微生物和原始光合作用的细菌生存是有充分可能性的,或许它们仍处在缓慢的进化过程中。

采用何种探测方法更好?

1976年在美国执行的"海盗计划"中,"海盗"1号着陆舱在火星普拉尼蒂亚平原软着陆，"海盗"2号着陆舱在火星乌托匹亚平原软着陆，进行火星生命探索。"海盗"号探测器此行的目的是在火星表面寻找生命的征候。遗憾的是，"海盗"号探测器没能发现生命的迹象。但是，所有对维持生命所必需的元素，在火星表面都找到了，这是意义深远的。那时，"海盗"号为了探索火星生命，采用了当时最先进的技术，而今天看来大有改进的余地。现在有了解决"海盗"号实验中疑点的非常特殊的方法：这就是把荧光显微镜与图象处理法相结合的方法。在适当条件下，使用某种化学物质就能产生与生物具有的酶反应发出荧光的物质，这就是让生物体发出荧光的原理。把这种化学物质掺入土壤试验，放置几分钟后用荧光显微镜观察，如果存在生物它就会发出荧光。这种方法操作简便，结果也很可靠。把这种方法应用于地球土壤，能够一个一个地检测出微生物细胞。进一步选定染色条件，

还能相当容易地判别生物是死的还是活的，或是在进行某种程度的分解。这种方法无须添加培养液加以培养，所以对于探测未知生命是很合适的。这种方法的有利之处还在于，能够把试料置于接近本来状态进行分析，可以同时了解生物的生态。如果把这种方法与遗传基因分析使用的"PCR 法"配合使用的话，还可以了解那种生物属于怎样的种类。在今后对火星生命的探索中，应当把荧光星微图象法和遗传基因分析法等直接探测方法与"海盗"号采用过的气体摄谱仪和质量分析法兼施并用。

对火星进行探测之前，积累"从宇宙探测地球生命"的资料是必要的，也就是启用围绕地球运行的地球观测卫星，遥感观测沙漠和西伯利亚永久冻土地带，检测出沙漠的水分和有机物，测定永久冻土地带的生物生态和冻土的厚度等，现在应当立即着手进行实验，为即将实现的火星生命探索做准备已迫在眉睫。

星际宇宙飞船面临的选择

　　挣脱太阳系的束缚，前往广漠无际的深邃宇宙，是自载人空间飞行以来，人类贯注了深厚感情的热望。但是直到今天，这种梦想仍被遥远的距离阻隔，使人类望天兴叹。由于能够征服如此漫长航程的火箭还在孕育之中，所以人类只有待以时日，继续埋头苦干。只要举出一个实例就足以让人对这种漫长旅程感到目瞪口呆：到离太阳系最近的半人马座 α 星去，光要行进 4.3 年，而光速是每秒钟 30 万千米！换言之，"土星" 5 型火箭的时速是 4 万千米，乘坐这种火箭前往半人马座 α 星，粗率计算一下竟需要 10 亿年。为了研制出使造访太阳系外恒星成为可能的超高速火箭，迄今为止科学家们已提出了一个又一个独特的设想。但是问题在于，这些超高速火箭是根据当时的科技水平设计的，离实际造出它们还差得很远，只有留待将来解决——至少今天是这样。

　　美国加利福尼亚州劳伦斯·利巴莫国家实验室的理论物理学家乔治·查普林，近年来一直在致力于使用核燃料的恒星际火箭的设计。这种火箭利用核裂变时，原子分裂最初产生的核裂变碎片推进。这种"核裂变碎片推进剂"能够以每秒约 3 万千米的速度将火箭向前推进，也就是使火箭速度达到光速的 1/10。以这种速度飞向半人马座 α 星需时 50 年到 100 年，这比 10 亿年已大大缩短了。

　　大约在十几年前，查普林开始思考这种恒星际宇宙飞船的动力。宇宙飞船的速度是由它的火箭发动机排出气体的速度决定的。火箭发动机排出气体给宇宙飞船反作用力，使宇宙飞船获得与排出气体相等的速度，向相反方向飞行。为了达到这一目的，就必须用接近光速的喷发气体来推进恒星际宇宙飞船。

　　他注意到，核裂变时裂变碎片的飞散速度达每秒钟 1.19 万千米，如果把这一原理运用于火箭发动机，就可以使宇宙飞船得到大约 1/20 的光速。要实现这一设想的最大难题是，用什么手段能够搜集核燃料裂变时的碎片，并将它们送至火箭尾部喷发出去，以获得必要的推力。近年，查普林提出了一种用于火箭搭载的、完全革新过的原子反应堆装置的设想，这种原子反应堆装置一旦开始核裂变，无数裂变原子所产生的碎片就会从覆盖在核燃料表面的特殊纤维表面以极高速度飞散。火箭发动机则通过磁场搜集这些碎片并将它们送到火箭尾部喷发出去，转化为推力。

查普林希望选择将这种推进系统用于考察太阳系的使命，不过一些宇航专家正言厉色地指出，这种核裂变发动机将使宇航员们暴露在放射线之中，使他们患癌症的危险性增加 20％。但是查普林认为，如果使用这种火箭发动机，将使历时两年的、前往火星的危机四伏的飞行缩短到半年。由此说来，面临这种种选择，哪一种能使宇宙航行变得更安全些呢？

从天而降的怪物

你见过沙丁鱼、青蛙、海螺、蛇这些东西像下雨一样从天而降吗？这种怪事在世界许多地方都发生过。在洪都拉斯一个叫育罗的地方，每年雨季开始时，人们都预备好木桶和鱼网，等着天上降鱼。"鱼雨"通常下午四五点钟下，随后总是伴着雷雨大风。天上降鱼缘于海上刮起的大风，是风把鱼送上天空，然后又掉下来。可是有时候还会有一些十分古怪的东西从天而降，至今人们都做不出恰当的解释。

公元 6 世纪，在麦加这个地方曾发生了一次石头如雨一般从天而降的事件，当时在一场战争中被围困在麦加的阿比西尼亚军队，遭到一阵天降石雨的袭击，大败而逃。有人曾推测，这些石头可能是天空飞行的鸟类投下的。然而，足以将一支军队打跑而逃的大片石头，哪里是一般鸟类能衔得起来的?! 据记载，在公元前 7 世纪时，古罗马也曾发生天降石雨的怪事。

有一种形似蜘蛛网的物质也曾从天而降，它们像蜘蛛网但又不是蜘蛛网，感到惊奇的人们就称之为"仙发"。最早提到"仙发"的是英国作家怀特。1741 年 9 月 21 日黎明，他在田野上散步，发现青草被一层厚厚的"蜘蛛网"覆盖着，他带的狗不得不断地把蒙在眼前的蜘蛛网抹掉。上午 9 点钟左右，怀特看到，一片一片的"蜘蛛网"从空中落下，纷纷扬扬一直下到黄昏。这些蜘蛛网般的东西，并不是在空

中四处飘扬的细丝，而是结成片状，宽几厘米，长十几厘米，不断地从天空飘下，在阳光下闪着星星点点的光芒。怀特想收集这种"仙发"，准备带回去化验分析，可是一拿起它立刻在手中融化了。这种"仙发"在许多地方降落过，有人无法解释，便说"仙发"就是蜘蛛丝。但是实际上蜘蛛丝不仅不会在人手中融化，它甚至比蚕丝更难融化。

1832年3月，在俄国伏罗可拉姆斯基这个地方的田野上，从天空降下一种黄色物质。起初农民还以为是被染脏了的雪，后来才发现这种物质很像棉花，放在火中会发出蓝色火焰，浸在水中又会变成像松脂一样的东西，用火烧它就会冒泡，但并不燃烧。

1833 年 11 月 13 日，美国东部下了一场奇怪的雨，新泽西州拉威市的居民当时看到天上降下的是一阵"火红色的雨"，事后在降雨地点发现了一堆堆胶状物。

1896 年 11 月一天的清晨，美国路易斯安那州一个地方，忽然从天上掉下许多死鸟。当时天气晴朗，死鸟接二连三掉在街道上，这些鸟中有猫头鹰、啄木鸟、枭以及一些羽毛奇特的不知名的鸟雀，其中有的象金丝雀。有人解释说，这些鸟是被一阵海上暴风雨赶进内陆的，到了这一带地区由于空中气温突降，这些鸟雀在飞行中被冻死落下来的。不过这种解释难以令人信服，因为这些鸟雀在飞行中可以随时降低高度或是落到地面，不至于被冻死。造成它们死亡的真正原因，至今没有人能说清楚。

1950 年 9 月 26 日晚上，美国黄城的警察柯林斯和基南驾着警车在巡逻，当他们驶入一条僻静小路时，忽然发现前面几百米外的空地上有一个奇特的发光物正在降落。他们连忙驾车赶过去，拿着手电筒上前查看，看到一团紫色胶状的东西，外形就像一个圆形的屋顶，直径大约 2 米，中心处厚二三十厘米，边缘只厚几厘米。他们觉得这个物体是有生命的。在熄灭手电筒后，他们看到这个物体发出微弱的紫光。他们通过无线电话向警察局求援，又有两名警察赶到。他们打算把这物体抬起来装上汽车带走，但是当柯林斯的手一触及这个物体，它就碎裂了，沾在他手上的碎块也很快地蒸发掉，只剩下一些没有气味的泡沫。半小时后这个物体便完全蒸发了，没有留下任何痕迹。

1962 年 8 月 28 日，在美国北卡罗来纳州哈立斯堡，有一个名叫霍内克特的人正在一个湖中钓鱼，忽然看到一个光球慢慢落入水中。他马上划船凑到近处观察，发现这个物体就在湖底。透过清澈的湖水，他清楚地看到物体的大小像一只滚木球，闪闪发光，表面布满短刺。

他划船靠岸后，立即报告了警方。当警察赶到时，这个物体已经化为一团发光的金属丝。于是他们又向有关方面求助。美国军方一个专门处理爆炸物的机构派来了3名潜水员，他们在第二天的早上7点到达，但是这个物体已经完全溶解。潜水员在湖底只找到一些铝箔，与空军用来干扰雷达的铝箔非常相似。

对空中降下奇异物体的解释五花八门，有人把这类现象归于旋风或龙卷风，有人则认为象"仙发"、胶状物体和可以蒸发的物体，是来自宇宙的智慧生物。不论哪种解释，都还缺乏足够的说服力。

神秘的不明飞行物

在众多自然之谜中，不明飞行物大概是最神秘莫测的了。从几千年前直至现代，有成千上万的人亲眼目睹天空出现众多不明飞行物。说他们是"不明飞行物"，是因为它们既不是我们能够分辨或熟知的云彩、星辰、成群飞行的昆虫、鸟类，也不是我们人类制造的飞行物，如飞机、宇宙飞船、人造卫星等。它们有时飞行速度快得惊人，就是当代最先进的喷气飞机也不能与之相比；有时又飞得极慢，甚至悬停在空中。它们能够在高速飞行中突然转弯或反向飞行，而这种高超的飞行方式无论是飞鸟或人造飞行物都不具备。

经过科学家多年的研究和观察，在人们见到的大量奇怪飞行物体中，多数可能是流星、行星、气球、气态物质或大气的扰动，但毕竟有一部分飞行物无论如何也无法归入上列那些现象中。

关于不明飞行物的记载，可以追溯到遥远的古代。中国也许是世界上最早留下不明飞行物图象资料的了。在湖南省一座花岗岩山上，至今还保留着原始居民的雕刻，画面上清晰地显示着一些外形类似今天的宇宙飞船的圆柱形物体和一些古怪的生物。据研究，这些石刻大约是在 4.7 万年前完成的，那时人类还处在原始时代。

最早有关不明飞行物的文字记载，大概要算是一份写在古埃及一张莎草纸上的文献了，它记载了人们发现一队不明飞行物的过程。事情发生在公元前 1504 年至公元前 1450 年，也就是大约 3500 年前。这份文献写道，生命之宫的抄写员们发现天上飞来一个火环，它无头，喷出恶臭。火环长一杆（古埃及长度单位）、宽一杆，无声无息。抄写员们惊惶失措，一齐伏在地上。他们向法老（古埃及国王）报告了此事。几天之后，法老站在军营中，与士兵们一起静观天象，看到天上出现更多此类火环，其光芒遮蔽阳光，并扩展至四面八方。晚餐之后，火环向南方天空升去。法老焚香祷告，祈求平安，并颁布命令，要史官把这件事记录在史册上，以传给后世。

此后的几千年来，世界各国有关不明飞行物的记载更是层出不穷。尽管许多人对不明飞行物作出种种推测和解释，但都没有说明白它究竟是什么，反而引起人们更大的疑惑和好奇。

1947 年 6 月 24 日，美国飞行员阿诺德驾驶飞机去寻找一架坠毁在喀斯开山的美国海军 C—46 型运输机。当天下午天气晴朗，阿诺德在飞机上可以清楚地望出去几十千米。他驾驶飞机在来尼尔峰附近盘旋了约一个小时后正想转弯，突然飞机一侧闪起一道耀眼光芒。他四处搜索，只在后面左侧极远处看到有一架 DC—4 型飞机，但它不可能发出这样的闪光。闪光又再次出现，这次阿诺德看到光源了：9 个闪光物体正从贝克山向南飞来，绕过最高的山峰，分成两队飞行，一排 4 个，一排 5 个。阿诺德刚好处在利于观察的位置，他测出这些闪光飞行物的时速竟高达 2000 多千米，是当时一般飞行时速的 3 倍。阿诺德看得很清楚，这些物体像馅饼一样扁平，像镜子一样反射着阳光。它们的飞行方式也很奇特，就好像在惊涛骇浪上行驶的快艇，像盘子掠过水面，从出现到消失大约历时 3 分钟。

这件事发生后仅 10 天的 7 月 4 日，又发生了一件有趣的事：美国联合航空公司的一位机长和副驾驶员刚从爱达荷州一个机场起飞，就遇到了与阿诺德见到的闪光飞行物体类似的 5 个飞行物体。仅仅一二分钟后，这 5 个不明飞行物就以惊人的速度飞走了，接着又出现了 4

个。这是阿诺德 10 天前见到的那 9 个闪光飞行物体吗？

1957 年 9 月 4 日晚，葡萄牙费里拉上尉率领的 4 架喷气战斗机在六七千米高空飞行，突然发现空中有一个星状物体，它异常巨大，闪光的中心不断变幻色彩，由深绿变成青蓝，又从黄色变成红色。这个飞行物的体积一会儿比原来大五六倍，一会儿又缩小成看不清楚的小黄点，这种变化反复了好几次，可能是它的位置迅速移动造成的。尽管费里拉上尉指挥 4 架战斗机改变了航向，这个飞行物体仍然在飞机左侧的位置。这时，不明飞行物体变得鲜红，突然从中飞出一个黄色发光体，然后又有三圈类似的黄色发光体在飞行物右侧出现，不久这些小发光体便陆续消失。飞行员们看得一清二楚，但个个惊讶不已，无法解释这些奇怪的飞行物究竟是怎么回事。

1978 年底，澳大利亚发生了多起不明飞行物事件，成百上千的澳大利亚人亲眼见到了在天空往来穿梭飞行的不明飞行物，有人还拍下了照片，连空军雷达也观察到不明飞行物的出现。其中飞行员瓦伦蒂奇的失踪，更使人们产生了神秘莫测的恐慌。那一天，澳大利亚年轻的飞行员瓦伦蒂奇独自驾驶一架塞斯纳小型飞机，飞越巴斯海峡前往王岛。他在机舱看到附近似乎有一架亮着"四盏明灯"的大型飞机，便通过无线电向墨尔本的空中交通管理人员做了报告，但得到的回答是在这个空域只有他一架飞机。接着瓦伦蒂奇又通过无线电报告："它从东面向我飞来，它好像在玩什么把戏。我无法估计它的飞行速度。它是长形的……现在它迎面飞来……有一点绿光，表面有金属光泽。它正在我上面飞行。"不久，瓦伦蒂奇驾驶的飞机发动机开始不稳定地空转，发出噪声，他向地面报告："我继续飞往王岛，它正在我上面盘旋。"随后，这位飞行员便停止了联络。当地面无线电台收听到巨大的金属撞击声，大约持续了 17 秒钟，通讯便完全中断了。瓦伦蒂奇和他的飞机从此失踪。人们曾试图寻找，但至今下落不明。

还有一些与不明飞行物近距离相遇的事例。

　　1971 年 11 月 2 日黄昏，美国堪萨斯州德尔福斯附近，16 岁的约翰逊正带着牧羊犬放羊。突然他看到一个色彩绚丽的蘑菇状物体正在离地面几十厘米处盘旋，离他只有 10 米左右。约翰逊估计它的直径大约是 3 米，发出像旧洗衣机的震动声。接着这个不明飞行物的底部发出一道强光，照得约翰逊什么也看不见，然后飞走了。几分钟后约翰逊恢复了视觉，他跑回家把这件事告诉了父母。一家人赶到出事地点，都看见了那个不明飞行物，只是已飞向高空，很快便消失了。他们随即发现地上有一个发光的环形印迹，周围的一些树木也在发光。后来调查人员说，那里的土质摸上去光滑坚硬，像结晶似的。在医院当护士的约翰逊的母亲说，她摸了不明飞行物留下的印迹后，手指像是被局部麻醉了一样，失去知觉足有两星期。一个月后下了雪，地上的雪融化了，但环形印迹上的雪没有化。经检查后发现，环形印迹下的土壤已经不透水，而且十分干燥，干土至少有近 0.3 米深。

不仅有很多人说亲眼看到过不明飞行物，甚至还有人说自己还见到了驾驶飞行物的智慧生物，有人还亲手触摸了它们的用品和食物。只不过这种经历很难令人置信。至于还有个别人说他们曾被劫持到不明飞行物上飞行或是被做了身体检查，可是他们又对事件经过失去了清晰的记忆。这就更难以让人相信了，他们常被人嘲笑为哗众取宠、神经不正常，或者被骂是疯子。

直到今天，不明飞行物的谜团仍在困惑着人们。有许多国家的科学家和具有浓厚兴趣的人，在不知疲倦地进行观察和研究。他们要探究这种比人类文明高级得多的物体以及制造这种物体的智慧生物，期望为人类文明作出惊人的贡献。也许不明飞行物随时都有可能在我们头顶或附近出现，如果你见到了不明飞行物，千万不要惊慌，而要仔细冷静地观察，事后把观察现象详细记录下来，提供给有关科学机构。

它就在百慕大三角上空

　　1945 年 12 月 5 日，由 5 架"复仇者"式鱼雷攻击机组成的飞行小队，从美国佛罗里达半岛的海军基地起飞，进行飞行训练。两小时后，基地与小队的 14 名飞行人员同时失去了联系。基地立即出动飞艇救援，但是飞艇与那 5 架飞机一样，也一去不复返了。

　　在通信中断之前，基地曾收听到飞行教官的喊叫声："不要抓住我！他们好像来自天外！"此后在一个很长时期里，人们大多倾向于把这一事件解释为外星人所为。最近，美国的一位从事不明飞行物研究的人员培德曼声称，他掌握了关于这一事件的全新证据（包括"阿波罗"号宇航员拍摄的照片），可以证明那些海军飞机是被外星人的飞船带到了太空，而且其中一架就在百慕大三角的正上方，高度约为 1 万千米的轨道上，呈"冻结"状态。

　　1945 年的螺旋桨飞机能飞到那样的高度吗？培德曼提出了一种设想：那架飞机投下的鱼雷，威胁到正潜在海中的外星人飞船的安全。为了避开危险，外星人飞船便飞出海面。由于它当时的运动速度极高，在飞船周围造成了气流旋涡，把大量海水及这架海军飞机带到了外层空间。

　　美国著名的航空专家菲利浦·克拉斯对此表示怀疑，他认为培德曼的说法有漏洞。他说："我曾仔细查看了有关这一小队飞机的记录，

没有什么神秘之处。"这小队飞机的航向是东,可是在飞行途中飞行教官迷失了方向,他让全部飞机向北飞。朝北飞行便意味着飞向格陵兰,可是格陵兰还相当遥远,油料耗尽后,他们便面临着机毁人亡的结局。

克拉斯还说:美国的雷达监视着在地球轨道上运动的所有物体。这种雷达的分辨力很高,就连从人造卫星上脱落的 3 厘米长的金属物体都能探测出来,可却从未发现过像"复仇者"式飞机这样的庞然大物。

美国宇航局发言人阿齐森声称,他从未听说宇航员目击过不明飞行物,也没听说拍到过这类照片。

尽管这样,培德曼仍坚持自己的观点,他正继续寻找证据,来说服那些不相信的人。

奇异的自然轰鸣

　　大自然摆在我们面前的是一个五彩缤纷的世界，除了我们能用眼睛看到奇异事件外，还有既不是打雷或地震，也不是山崩或海啸，却能用耳朵听到的难以解释的声响。

　　早在炸药问世之前，欧洲北海的渔民就听惯了"雾响"，往往是在平静多雾的日子里能隐约听到的隆隆声。但是他们不知道是哪里来的。在印度恒河三角洲一带生活的人，早就知道自然界会无缘无故地发出震响声。

　　1896 年，一位名叫斯科特的人在一份科学杂志上撰文说，他居住的村庄，稀稀落落，居民没有什么枪支，也不知道烟花爆竹是什么。但是他确实每天晚上都能听到一种奇怪的震响声，白天也常听到，在晴朗的天空和夜晚声音更为清楚。5 月的一天上午，他和一位朋友在恒河岸边听到清晰的隆隆声，好像下游十几千米外有大炮轰鸣一样。不久，不远的地方也传来一声巨响，接着又有两声像是大口径步枪发射的声音。对这些奇怪的声响，当地居民都习以为常了，但是谁也不知道是从哪里传来的。

　　1934 年，一位美国人也在另一份科学杂志上讨论过这类神秘的轰响声。他在美国纽约州北部长大，从小听惯了人们常说的所谓"西内卡湖的枪声"。他对这种声音的来源进行调查，结果一无所获。

    在美国康涅狄格河谷，也常传出这种轰鸣声。当地印第安人说，这是神愤怒的咆哮声。这种轰响变化多端，声音大时好像大炮轰鸣，声音小时像手枪在射击，其中还有各种不同变化。这里也会发生地震，地震的强弱就像这些轰响一样。但是在这种时候并没有地震发生时常见的其他现象。因此究竟是轰响引起地震，还是地震引起了轰响，仍然是个未解之谜。

    19世纪90年代，科学界开始研究这些自然轰鸣究竟是怎么回事。一位比利时人收集了大量资料，其中包括从冰岛到比斯开湾有关

"雾响"的记录几百份。他还促使著名生物学家达尔文的儿子、潮汐专家乔治·达尔文注意这个问题。结果报纸杂志上刊登了许许多多关于这种自然界奇异轰响的报告。

很快出现了五花八门的解释。那位比利时人相信，这些巨大的轰响，可能是某些特殊放电现象，换句话说就是打雷。可是天晴时会打雷吗？他的一位朋友则认为，轰响声来自地球内部液态物质的晃动，与地球内部液态物质引起地震的道理相似。但这种解释在当时也没有多少人赞同，因为地球内部的熔岩可以传递地震波，但熔岩不可能发出他想象的那种液体晃动声。

由于这类轰鸣往往出现在海岸和河流三角洲一带，所以有人认为这也许是冲到海里的沉积物不断增多，使地面下沉引起的。但是这种下沉应当产生巨大的浪涛，甚至引起海啸，而实际上并没有发生。

也有人认为这是岩石破裂发出的声响。但是岩石破裂时发出的声音比大多数自然轰鸣音调要高，是一种劈啪声，而不是隆隆声。何况在山区才会产生岩石破裂的现象，而恒河三角洲等地区却是低洼的地方。

菲律宾人普遍认为，奇怪的轰响声是海浪冲上沙滩或涌入岩洞引起的，通常在台风将到的时候便听到这种轰响。有时台风会推起一排排巨浪，轰鸣声音可传到上千千米以外，因此许多地方在台风还没有到达之前轰响声已经传来了，特殊的大气状况还可以把声音传得更远；山头上的积雪也可能反射声音，使轰鸣声听起来像来自内陆。不过一位学者指出，这种解释十分勉强，因为台风并不是常有的。

1977年冬天，美国东北沿岸的居民听到大西洋上传来隆隆的轰鸣声，有人认为这其中可能是一种高速喷气客机的噪声，其余的则可能是更遥远的大气震响，借助特殊的大气状况而传播到几百千米以外。他们认为，达到一定温度和密度的大气，可能产生像海市蜃楼那样的效果把声音传得更远。但是这只是一种推测，没有经过严格的科学研究，因此并不是肯定的答案。

这种来自自然界的轰鸣，究竟是什么原因引起的，又反映了自然界的什么现象，现在仍然是个谜。

水在作怪

　　还是在上小学的时候，当我有一个偶然机会来到夏季的旷野时，我发现了一个"奇迹"：一阵大雨就在不远的地方哗哗地下着，从天而降的大股水流正向我这边移动。后来我和小伙伴们跳上一辆卡车飞驶而去，总算躲过了这逐渐逼近的大雨。远远望去，被雨雾笼罩的田野上空，有一片浓黑的乌云，一弯美丽的彩虹从乌云的边缘延伸出去，融化在天空。今天看来，这"奇迹"不过是积雨云在上升过程中遇到冷空气后，下的一场夏季特有的暴雨罢了。

　　可是在自然界中，还有一些至今无法解释的奇怪降水和水流现象。据文献记载，1886 年 10 月中旬，在美国北卡罗来纳州一座城市里，城东南的居民，一连三个多星期都目睹了一个令人吃惊的现象：在这段时间的每天下午三点钟，在同一个地方总要均匀地下半个小时的雨，而且雨只下在两棵树之间的空地，下雨的时候天空晴朗阳光灿烂。据当地天气预报人员说他亲眼所见，有时候雨下的面积要大得多，但降水的中心总是在两棵树之间。类似的事也发生在宾夕法尼亚州，但接受这种奇异降水的不是红橡树而是桃树。

　　80 年后，1966 年 6 月在美国得克萨斯州，一个院落中的一棵槐树上涌出了水流。据目击者、院落主人莫尔斯说，水流是从离地面约 6 米的一个树洞中流出来的，尽管水量不大，他还是 12 小时里收集到近

3升水。另外有报道说，还有一棵树在47天里流出了20升水。而在树上涌出水流时并没有发生降雨。迷信的人把这种树当成了神树，因为他们不明白晴朗的天空下，大树上怎么会涌出一线水流来呢？

1963年，住在美国马萨诸塞州的马丁一家被家里一股神秘的水流袭扰，几乎无法安生。尽管这家人总是不断地换房子，水流还是从墙上、天花板上滴下来，马丁一家搬到另一个城市去住，这一切又开始重演。这是一家人受到奇怪水流困扰的例子。另一种则和某个人有关。欧亨尼奥是萨丁岛的一个9岁男孩，当医生在给他检查肝脏时，他床周围的地板上开始渗出大量水来，他一连换了5个地方，只要把床铺安放好，这种奇怪现象就会立刻发生。有关方面派来了技术人员，他们检查了房屋设施——直到烟囱，都没有找到足以证实水有来源的迹象，这使人们大惑不解。

在英国的诺福克还发生过更离奇的事：70多年前的1919年8月

底，一位农村牧师家里几个房间的屋顶上都渗出了"石油"。一些目击者说，他们看见"石油"是从墙上渗出来的。9月2日这天，人们共收集到近25升石油，但这种所谓"石油"并不纯净，是几种水和有机化合物的混合物。有人推测，牧师的房子是不是盖在一处石油矿藏上面了？由于这种混合油的蒸气对人体有害，这所房子成了一座空宅。人们掀开屋顶打开墙壁，想了解个究竟，但没有什么异常的迹象。

类似从晴朗的天空降下大滴热水，降雨只是一个很小范围发生的事，尽管令人不解，但通过调查当地的地形、火山活动情况，以及气候特点，一般都能得到解释。如果降水只发生在一个极小范围而且那么准时，事实没有被夸张得离谱的话，这种事件是值得研究的。它的发生可能只与当地的小环境有关，如地下水或输水管道。我们知道，在世界不少地方都存在间歇泉、地下河，它们水流的间歇时间有时是十分精确的，像有人在暗中操纵。至于水从树洞中涌出的现象，相信也与当地的地下水有关，答案不应从降雨去找。但是并不是所有与降水与水流有关的奇异现象，都能得出满意的解释。有些树木内含有大量水分，一旦受到创伤，水分就能从伤口流出，但是橡树和桃树不是能大量吸收水分的树木，所以这种现象对于橡树和桃树来说，是相当奇特的。前面谈到的房子里渗出"石油"现象，相信也是水在作怪。如果盖房子的木料是松木的话，它就能渗出松脂，天气炎热时它还滴落下来，其他树木也会渗出液体，这些液体与水掺和在一起，也许会使一些相信奇迹的人认为这就是石油。

太平洋上空的神秘大爆炸

 1984 年一次发生在太平洋上空的神秘大爆炸，至今仍在人们心中留下难解的谜团。

 那年的 4 月 9 日晚，日本航空公司的一架班机从东京成田机场起飞，前往美国阿拉斯加州的安科雷季。就在飞机即将到达安科雷季的时候，一件奇异的事件发生了：飞机前方腾起一个巨大的蘑菇状烟云，高度达 1 万米，烟云在不断地向周围扩散，在夜空中显得十分明亮。班机的驾驶人员判断，这团巨大烟云不像是夏天常见的积雨云，而像是核爆炸时出现的蘑菇云。这架班机立即向地面飞行控制中心报告，并避开了这个巨大的蘑菇云。

 当天晚上，一架荷兰航空公司班机的乘员也目击了这个巨大蘑菇云，但比日本班机早 50～60 分钟。这架荷兰客机的机长向飞行控制中心报告说，他见到了一团强烈的白色闪光，随即出现了一团蘑菇状烟云。目击这一过程的还有这天晚上飞同一航线的另两架飞机的乘员。

 美国有关部门在分析了上述目击报告后，让这 4 架飞机降落在安科雷季美军空军基地，对飞机和所有乘客进行了放射性污染检查。检查结果表明，没有任何迹象说明有放射性污染。

 日本航空公司班机长坚持认为，只有强烈的爆炸才能形成这种蘑菇状烟云。但据气象部门提供的资料，当天这片海域没有进行任何核

试验，也没有火山爆发，而且在发现蘑菇状烟云时，这片海域上空也不可能形成积雨云。

事后，日本和美国的有关部门先后对事发地点进行了调查，对大气尘埃进行了分析，发现尘埃的放射性强度比其他地区高出许多倍。这一结论表明，当时的巨大蘑菇状烟云，很可能是一场核爆炸造成的。

这个事件使人们想起了1979年在非洲大陆西南部发生的一个类似事件。1979年9月22日，美国间谍卫星在非洲大陆西南部海域拍摄到一次猛烈爆炸的照片。从照片上的强光分析，爆炸只持续了几秒钟，很可能是一次核爆炸。但是，当时已拥有核武器的国家，是不可能在距本土这么遥远的地方进行核试验的。也有人提出，这次爆炸可能是闪电、阳光或是陨石造成的，或者是间谍卫星本身出了毛病，但经分析都没有可能。那么是不是有某个国家秘密进行了一次核试验呢？事实又推翻了这一推测。1980年，美国科学院曾发表了关于这一事件的研究报告，间谍卫星拍摄到的强光是陨石与卫星相撞时产生的。但是半年之后，这个间谍卫星在同一海域上空又拍摄到与上次同样猛烈的爆炸，于是美国科学院的结论也站不住脚了。

那么这种大爆炸是怎么回事呢？

有人认为，这种猛烈爆炸纯属自然现象，是多种因素偶然作用的结果。但是这种"偶然作用"为什么会在同一海域连续发生呢，这种解释显然缺乏说服力。

1986 年初，美国《纽约时报》披露了美国进行"特异功能间谍战"的内幕新闻。这则消息说，美国中央情报局正在对全美国最出色的特异功能者进行间谍战训练。无独有偶，美国著名记者杰克·安德森报道说，美国从 1976 年以来已在美国各地的地下作战指挥部部署了"特异功能人部队"，而苏联也早就在进行利用"人体特异功能"发送高能武器的试验。他列举了 1958 年苏联乌拉尔山脉曾发生了一次奇怪的核爆炸和 1963 年美国"长尾鲨"号核潜艇神秘地沉入海底两起事件，认为都与美苏的上述研究有关。不过，杰克·安德森的说法只是一家之言，至今美苏两国都未对此表示可否。

还有一些科学家仍坚持认为，不能排除这种大规模爆炸是自然现象的可能。因为某种我们现在还不清楚的原因，使可燃气体大量聚集，准备了大爆炸的条件。不过这种说法也有待证明，因为可燃气体即使能够大量聚集，那么是"谁"用什么办法能点燃它呢？

有一点可以肯定，就是这种神秘大爆炸今后仍有可能继续发生，它会给我们提供找到真正答案的线索。

富士山会重新爆发吗

如果说暮春时节灿如云霞的樱花是大和民族的写照的话，那么白雪皑皑的富士山多少年来就成了日本的象征。然而近一个时期以来，富士山又成了火山学家和地震学家的话题，不少日本人也提出了这样的担心——富士山会不会再次喷火吐焰？

事情是从 1987 年夏天开始的。一个惊人的消息一下子传遍了日本列岛："富士山顶发生了有感地震"！因为对前几年大岛三原火山爆发的情景还记忆犹新，人们自然不敢掉以轻心。

日本处在环太平洋地震带上，是个多火山、多地震的岛国，自古以来深受其害。富士山历来被视为一座死火山，在天幕的衬托下，它雄伟壮丽，是人们向往的旅游圣地。自从 1707 年富士山最后一次喷发至今的 280 年间，它一直保持着平静，人们渐渐忘记了它曾是一座活火山。实际上到富士山最后一次喷发止，史籍上记录着它 10 多次喷发的事实。

对这次富士山顶发生的有感地震感觉最强烈的是日本气象厅设在山顶的测候所的科技人员。这是自 1932 年这座测候所开设以来，第一次在富士山顶监测到有感地震。1987 年 8 月 20 日气象厅记录到第一次有感地震，5 天后公诸于世。那天清晨 5 时 56 分，山顶测候所的 5 名工作人员被地震惊醒，震度为里氏三级。但富士山脚下及附近地区

的人却没有察觉地震。此后，8月23日、8月24日又接连发生了几次有感地震。

人们觉得在富士山顶发生的地震有些突如其来，实际上震源在富士山正下方的地震每年都要发生数起（发生有感地震这是第一次）。由于数据不足，要搞清富士山顶发生的一系列有感地震的原因尚待时日。日本各地震研究机构正调集力量，广泛收集富士山地震的资料。

目前，日本对地震与火山爆发的内在联系的研究进行得不大深入，一般研究机构都是只研究地震或只研究火山，像在三原山火山喷发时名噪一时的木村政昭那样，研究地震与火山关系的人寥寥无几。目前有很多日本人和科研机构在进行东海地震预报的研究、观测，可是很少有人研究富士山将来是否会重新变成一座活火山。所以有人说，富士山也许会爆发，但是在明天，还是几百年之后，谁也说不清。也有人指出，1707年10月发生的地震之后一个半月，富士山就爆发了，这之间似乎存在着因果关系。可是现在很少有人议论东海地震与富士山火山爆发的关连。日本山梨大学的石田高副教授为了采集火山资料，曾登上富士山顶，他发现在火山口壁斜面上有一个直径大约20米的陷落，而且他断定这不是一个陈旧的陷落痕迹。但是他手头没有可资比较的照片资料。

目前富士山附近的"忍野八海"和富士山吉田市的池塘均已干涸见底。被称为"富士五湖"中的河口湖水位锐减，这说明富士山保持地下水的能力已大不如前。被称为日本国家天然纪念物的"忍野八海"，当年泉涌如注，现在这种胜景已不复见，其中的"出口地"1987年的春天就滴水皆无了。人们认为这些异常现象与地下正发生的某种运动有关。富士山西麓的"白丝之瀑"与往年相比，水量也大不如前。这道瀑布是由河水和熔岩层中渗透下来的富士山下水汇集而成。以前这道瀑布"高约20米，宽达200米，宛如丝带的大小数百道水流沿绝壁飞进而下"，景象蔚为壮观。这些变化给旅游业带来了不利的影响，尽管行政当局试图否认，但很难说服人。人们希望有关方面尽快拿出对策——如果富士山重新爆发，应当怎么办？

由于富士山所处的特殊位置，1707年的大爆发曾给从关东到日本中部的广大地区造成灾害，给日本经济以沉重打击。有识之士认为应当未雨绸缪，及早制定对策。现在人们至少应当这么认识富士山——不管怎样，它是一座活火山。

通古斯陨星之谜

  这已是110多年前发生的事了，人们至今还记忆犹新。1908 年 6 月 30 日黎明时分，在西伯利亚贝加尔湖和通古斯河附近上空，突然出现了一道耀眼的火光，它发出雷鸣般的巨响，从东向西北刹那间疾飞而去。在 1000 千米外的地方都听到了从远方传来的雷鸣般的轰响。由于这个发出火光物体的爆炸，绵延 2000 平方千米的西伯利亚原始森林被摧毁，还有大约 1500 头驯鹿死于非命。由于爆炸引起的地震和空气的异常振动，距离爆炸发生地区 970 千米的伊尔库茨克居民在爆炸发生一个小时后感到了空气的振动。远在 5000 千米之外的波茨坦在 4 小时 14 分后记录到震动。美国华盛顿的地震仪在 8 小时后也记录下了这次爆炸的震波。通古斯发生的爆炸是一次异常巨大的爆炸，可是由于这儿是莽莽原始森林，人迹罕至，当时社会各界和科学界并未予以重视。

  1917 年，俄国科学家库利克率领一支探险队来到西伯利亚，在这个大批树木被摧毁的地方进行了一番考察，发现附近有一些圆坑里贮满了水，形成了沼泽。他认为，这些圆坑是在大爆炸时纷纷袭来的陨石落地而形成的。库利克将各种机械运进了原始森林，在圆坑的周围及坑底进行详细考察，但始终没有找到陨石碎块的踪影。也就是说，无法证明这些圆坑就是陨石坑。这样一来，通古斯大爆炸又蒙上了神

秘的色彩。

第二次世界大战刚一结束，原子弹在日本的两次爆炸引起人们注意，通古斯大爆炸的问题又提出来了。有人甚至说，那次爆炸在空中出现了发出火光的物体，又产生了巨大的冲击波，会不会是一场核爆炸呢？从 1958 年开始，苏联科学院陆续派出大规模的考察队前往西伯利亚，对 1908 年通古斯大爆炸进行规模宏大而十分细致的考察和研究。他们依据大量数据得出结论说，爆炸不是发生在地面，而是发生在数千米高的空中，是由一个不太大的彗星以每秒 35 千米到 40 千米的速度闯入地球大气层造成的。彗头中的物质微粒、气体，由于与大气发生摩擦，一瞬间就蒸发完了。较大的碎块也在数千米的高空化为粉末，所以在爆炸发生以后，地面上连一块陨石也找不到。由于这个彗星是从东方，也就是太阳升起的方向飞近地球的，因此它被淹没在太阳的光辉里，谁也没有能够预先看见它。尽管这个彗星不大，但是这次爆炸已相当于 400 万吨 T.T 烈性炸药的爆炸，也就是说相当于 200 颗在日本广岛投下的原子弹一起爆炸，威力实在惊人。

苏联科学家的这些考察结论使很多人感到满足；但是另一位苏联科学家卡萨采夫提出了一种新的推测。他说，既然通古斯爆炸时产生的现象与核爆炸极为相似，而且还产生了核辐射，那么是不是可以推测这是一艘来自太空以外的宇宙飞船失事造成的一次核爆炸呢。不用说，这种推测在当时是幻想的成分大于科学的成分。

随着科学技术的发展，令人吃惊的是，现实为卡萨采夫的推测提供了越来越多的证据。科学家们在显微镜下发现，通古斯地区的泥土里含有大小只有几毫米的硅酸盐物质和磁铁矿颗粒，有的磁铁矿颗粒还形成了念珠状，有的硅酸盐物质中还发现了熔入的磁铁矿颗粒，这种现象只有在高温状态下才能发生。有的科学家认为，硅酸盐是制造宇宙飞船外壳最理想的材料。科学家们在通古斯地区还进一步发现了嵌入地下或树木中的球状颗粒，从中发现了钴、镍、铜、锗等金属，这些东西很可能是那艘访问地球的宇宙飞船上的仪器所采用的材料。

有人认为，依据人类目前的科学技术水平和现有资料，通古斯爆炸是由一艘核动力宇宙飞船失事爆炸引起的，这似乎更为合乎情理。他们描述说，这般宇宙飞船重达几千吨，外形像一根巨大的管子。在以光速接近地球时，这艘宇宙飞船的核动力发动机出现故障，在通古斯地区终因核燃料被引爆而酿成了这场大祸。人们看到的火光是宇宙飞船的外壳与地球大气发生猛烈摩擦，温度升至几千摄氏度时产生的。当然那些不知来自宇宙何方的勇士们也就壮志未酬了。

卡萨采夫的推测和许多科学家的进一步研究尽管鼓舞人心，但毕竟还是一种假设，还缺乏无可争辩的证据。不过，既然宇宙是这么深邃辽阔，既然地球不过是宇宙中一个渺小的天体，人类并非宇宙唯一的"骄子"，那么这种研究无疑不是荒诞无稽的事。如果将来有一天，一艘来自天外的飞船缓缓地降落在地球上什么地方，我们恐怕就不会感到意外了。

漂泊不定的湖

　　塔克拉玛干沙漠是中亚地区面积最大的沙漠之一，位于天山山脉和昆仑山脉之间，在这片大沙漠的东端有一个湖泊，这就是罗布泊。在地图上，罗布泊是用"点"来标记的，而不是通常的天蓝色湖泊标记。漂泊不定的特点，使罗布泊千百年来在人们心目中充满了神秘色彩。

　　在中国古代文献《汉书》中记载，流经塔克拉玛干沙漠的唯一河流是塔里木河，这条河注入一个大湖，湖边有一个城市国家——楼兰。13世纪的意大利旅行家马可·波罗在他的游记中也写到，在塔克拉玛干沙漠中有一座城市和一个湖泊。但是直到19世纪，这个湖泊仍是"地图上的空白"，因为人们不知道它究竟在中亚地区的什么地方。

　　向罗布泊之谜挑战的第一个人是瑞典地理学家斯韦恩·黑丁（1865—1952）。1900年3月，他率领探险队深入中亚大沙漠。在一条旧河床上，他们发现了一些陶器的残片，随后又在营地周围发现了大片古代遗迹。经过几年的发掘，斯韦恩·黑丁判定：这里就是楼兰古城遗址，罗布泊应该在这座古城附近。但是，古城遗址附近并没有这么一个湖泊，有的只是说明曾经存在过湖泊的贝壳。

　　在20世纪初，斯韦恩·黑丁发表了"罗布泊漂移假说"，提出：注入罗布泊的塔里木河水夹带了大量泥沙，使河床淤塞改道，于是塔里

木河又在另一个地方"造"出另一个罗布泊。他还认为，楼兰古国的灭亡与罗布泊的消失有关。

1921 年，干枯了 1600 年的塔里木河旧河床又出现了流水，于是罗布泊又重新出现了。这一事实正像斯韦恩·黑丁推测的那样，塔里木河的河道发生过变化。目前科学家们已经确认，罗布泊又开始干枯，随着时间的推移还将湖底朝天。有些科学家认为，这种现象有可能是世界范围内的气候变动，使喜玛拉雅山脉积雪骤减而造成的。但有些科学家则不同意这种推测。

那么，到底是什么原因使得罗布泊"漂泊不定"呢？目前仍是一个谜。

隐没在地下的古代都市

在土耳其中部辽阔的阿纳托利亚高原上，每年冬末春初之时都伴随着连绵细雨。50 年前，就在这恼人的夹着小雪的一天，在一座名叫德林克的小村子附近，一座小山突然塌落了一角，路过的村民走近一看，发现了一处刚好能钻进一个人的小洞。这个洞一眼望不到头，不知能通向哪里。人们为了探个究竟，于是提着油灯一个挨一个爬进了这个小洞。洞比想象的还深，大家看到里面有似乎是古人住过的痕迹，像是一座地下都市。是什么时候什么人在这地下拓展得如此宏大呢？大家迷惑不解。

不久，土耳其的考古学家们听说了这座神秘的地下都市，便从20世纪60年代中期开始，着手进行科学考察。多年的调查结果实在令人吃惊。这座地下都市一直延伸地下 55 米深，从上到下共有 8 层，面积大得像几十个足球场。地下都市设有通气孔，建有公用厨房、贮藏室、卧室、食堂、葡萄酒坊、畜圈、浴室、厕所以及宗教设置，共有 52 处之多。

更令人吃惊的是，在这座地下城市的周围，还有近 30 座与它类似的地下城。规模最宏大的是在德林克村以北 9 千米处的一座，有近 9 千米长的地下通道把这两座地下城连接起来。

那么，到底在什么时候，是什么人，为了什么目的建造了规模这么宏大的地下都市呢？他们为什么要避开阳光灿烂的地面，到地下生

活呢？这些疑问还找不到令人信服的答案。不过专家们推测，围绕这一古代奇观，肯定存在某种历史背景。

阿纳托利亚高原东南部，原是世界著名的环境奇特地区，有"另一个世界"之称。这里没有成片的土地，在空旷的呈灰褐色的台地上，耸立着数千座高达二三十米的笋状石峰，连绵几十千米。这种奇特的地貌，是由于附近的古代火山喷发形成的。这个地区处在从爱琴海延伸而来的火山带上，是世界上数得上的地震带。火山灰堆积和被侵蚀的结果，就造成了今天的奇观。

考古学家们分析，因为质地细软的火山岩地面容易开掘，早在公元前 2000 年，赫梯人就在这一带的山岩上开挖仓库。不过正式的挖掘是在公元 3 世纪前后，基督教的修道士来到这里后开始的。基督教徒们原来忍受着罗马帝国的长期迫害，随着庞培古城被火山爆发毁灭和一系列的灾祸，这些基督教徒们认为"世界末日"已经不远，于是他们纷纷背井离乡，前往叙利亚和西亚的腹地，等待着"世界末日"的来临。有一种解释说，就是这些惶惶不可终日的基督教徒凿开了火山岩，在地下建造了居室和宫殿，过着远离人世的生活。闻讯而来的修道士一时达数万人之多。在这期间，这个地区又接连发生了罗马帝国与波斯、波斯与阿拉伯之间的战争。持这种解释的人认为，修道士们为了避开战乱，便置身于地下，这就是德林克等地的地下都市的来历。但是这种解释并没有被多数人接受。

现在，这些地下都市的一部分已向游人开放，从小小的入口进入地下通道，不费什么劲就能沿着蚁穴般的曲曲弯弯的通道走到地下都市。头一二层是厨房和卧室、酿酒坊、浴室等，主要日常活动设施在下层。教堂呈十字架形，可供 100 个信徒做弥撒。通道外面是防备外敌入侵而设的巨大圆形石门。尽管过了上千年，这些地下建筑的精细和富有独特建筑风格的造型，仍令人惊叹不已。这里的温度夏天保持在 13～15℃，冬天保持在 7～8℃。由于火山岩光滑的曲线和舒展的空间，使人毫无憋闷之感。正由于这种高超的建筑艺术，所以很多人不相信这是避乱的人修建的。世界上关于地下都市的传说很多，但能供数万人共同生活的只有土耳其这一个地方。令人费解的是，当年居住者在这里生活用的器具、衣物、文献、壁画等一无所见，都到什么地方去了？考古学家们还在进一步寻找，期望能够借助这些古物弄清这些地下都市的来历背景。

巨樟给人类的启迪

　　植物在地球上出现和生存的时间比动物早得多、长得多。迄今为止，人类已经发现了许多奇异的植物，比如有的植物能对外界刺激做出反应；有的植物种籽像飞翼一样，能飘飞得很远；有的植物甚至能捕食昆虫……可是日本植物学家对一些巨型树木的调查，揭示了这类植物具有更为奇特的性质。

　　这项调查是由日本环境厅的植物学家进行的，调查的目的是搞清日本境内哪里有何种巨型树木。当然，巨型树木是有标准的，这个标准是：树干从地面起 1.5 米高，也就是差不多一人高的地方，树围在 3 米以上。去年 6 月，日本环境厅公布了调查结果：日本全国这类巨型树木多达 61441 株，其中最大的生长在鹿儿岛姶良郡蒲生町的一株巨樟，它的树围达到 24.2 米，如果拦腰锯断，截面上可摆放 30 张草席。形体最大的 10 株树木中，除占第三位的是一株樱花树外，其余都是樟树。这种现象引起了植物学家的注意。

　　樟树之所以能够历经千百年岁月，长成参天巨木，大概有一些不同凡响的特殊之处。比如，从樟树中提取出来的樟脑有一种天然的驱虫效果，樟脑的气味使害虫退避三舍。

　　在日本热海的阿豆左和气神社有一株号称全日本第二的巨樟，由于鹿儿岛那株樟树距离遥远不易见到，所以这株樟树就成了植物学家

们考察的对象。在山谷中腾起的雾气笼罩下，这株巨樟周围弥漫着一种不可思议的神秘气氛。它一侧树干已截断，树皮上凹凸不平，就像饱经沧桑的老人的脸。一股清泉从这株巨樟的侧旁淙淙流过，在树冠的浓荫下气氛又变得肃穆、庄严。要想目睹这株巨樟的全貌是不容易的，因为在这株巨樟周围找不到一个可以看到其全貌的视角。

植物学家认为，在巨树中樟树之所以能在数量上独占绝对优势，与它们独特的生存能力有关。与针叶树相比，樟树的根条更为发达，根须粗壮而伸展范围广大。松柏等针叶树可长得十分高大挺拔，寿命也长，但与樟树相比就差得远了。

美国的巨杉最高者可达 110.3 米，究其原因除树种的优势外，还要有相应的自然条件相配合。日本是一个多台风、多地震的岛国，树木高度一般很少能超过 40 米。如果地球重力对树木的束缚不是这么大，树木会长得更高，而且对树木来说，如果没有天灾人祸的话，其寿命差不多都能达到千百年。

樟树的种籽具有极强的适应能力，比如由于火山爆发森林遭到破坏，在一片焦土上最先生长起来的就是樟树。樟树的花是一种"风媒花"，种籽可以乘风散播到很远的地方去，足以"自谋生路"。而樱花树在这种环境下就难以为生了。它只能在森林间的坑穴中、林木间隙中生长。樱花树的种籽是靠鸟类散播的，在自然条件下大约经过100年左右，樱花树就逐渐凋萎了。樱花树在山野间多是孤零零生长的，它们采用的是一种"打游击"式的生存方式。

樟树采用的是一种"入侵者"式的生存方式，它是一种生长在温暖、潮湿地区的常绿阔叶树木，在日本它分布在从西日本到关东的一些地区，中国东南沿海和台湾也多有分布。

阔叶林带一般由山茶树、野漆树等构成，只要林地中有空隙，樟树就能插足其间。由于樟树生长迅速，没过几年它就会在林木中"鹤立鸡群"。它的种籽也会向远处飘落，以至若干年后这片林地实际上已经变成了樟树林。如果说樱花树是"单兵作战"的话，那么樟树就是"集团作战"了。

植物学家认为，在樟脑中可能含有某种有效的抵御害虫的成分。最近植物学界常提到植物的"他感作用"，也就是说，有些植物能够分泌出种种化学物质，足以抑制其周围植物的生长，比如在周围连草都难以立足。植物学家们因此猜测，樟树有可能共同采用了一种"化学武器"，用这种武器把其他树木从树林中驱逐出去。不过樟树之间也同类相残，在这场生存斗争中，弱小的樟树总是败北、枯萎，树林中留下的通常是高大、粗壮的樟树。这就是自然淘汰。作为生存竞争的最后胜利者才有可能发育成为巨樟。但是树木一旦长得"高不可攀"，就会影响周围的环境，以至使环境变得不再适应樟树的生长。久而久之，樟树就会倾倒、枯萎，一轮新的生存竞争又会从头开始。

所以，巨樟继续生长、长得更粗壮的关键在于人类的活动。古代日本人视巨樟为神木，对它们顶礼膜拜。人们通常在有神木处建造神社，而神社又为巨树进一步生长创造了种种有利条件。目前，日本幸存的巨树多生长在寺院、神社之内。在自然状态下，樱花树可生长100年左右，而寺院内的樱花树可生长千年以上，正因为如此，樟树才有可能在种种有利条件下长成巨树。

樟木自古以来就被人类广泛应用于建筑、造船、造水车等。由于它有一种异香，又可驱虫，所以又应用于制作家具。日本植物学家曾对植物挥发的化学物质进行了研究，发现樟树中含有的油性物质具有某种特殊的功能。首先这种油性物质对白蚁有毒性，施用这种油性物质10天内，有60％的白蚁被杀死。0.1％浓度的这种油性物质可使80％的莴苣发芽受阻，对于已经发芽的莴苣也有阻碍其根部生长的作用。尽管这些实验还是十分初步的，但由此也可以看到樟树可能在森林中就是利用樟脑中所含的油性物质来扩展自己的"势力"的。植物之间的斗争手段是五花八门的，而樟树似以异香取胜。

在地球上成百万种植物中独占鳌头并不是轻而易举的事，这种生存竞争看似温文尔雅，实则惊心动魄。一株樟树从一根纤纤细芽历经数千年风雨，成长为直径达8米左右的巨树，可见其"身手"不凡。这就难怪古代日本人会把巨树视为神木了。如果有朝一日人类能与植物"交谈"，能从植物，特别是那些巨树中获得更多信息的话，一定会对人类自身的发展带来更多有用的启迪。

"寿命蛋白质"的发现及其他

近来，首都几家报纸不约而同地都撰文谈到人类的寿命。有人说，人的寿命本来应当活到 120 岁到 150 岁，由于疾病和环境污染则不能颐养天年；也有人说，人的寿命由于生活质量的提高正在逐年延长，人均寿命达到 75 岁以上就是明证；有人持不同意见，认为现在人均寿命的提高是由于新生儿死亡率的大大降低，人本身能活多久早几年晚几年都差不多。

期望长寿是人们共同的心愿。那么，人究竟能不能达到理想的高寿，有没有那么一种办法可以有效地延长人的寿命呢？

"寿命蛋白质"的发现为人们提供了新思路。

人从生到死的这个时间段被称为"寿命"。几千年来人们始终渴望找到延年益寿的办法。过去这种探索有时竟到了荒谬的地步，现在则由于生命科学的进步总算有了点眉目。

不久前，日本东京医科大学和日本信州大学医学部共同组成的一个研究小组，从一种蝇体内提取了某种特殊蛋白质——"寿命蛋白质"，并查明它可以把这种蝇的寿命延长五分之一。以往科学界倾向认为寿命是由于环境和多种遗传基因共同决定的，这两所大学的研究小组使用这种蝇进行的实验证明，寿命是由少数遗传基因在生物诞生时就决定了的。

寿命蛋白质食品

　　日本科学家是这样做的实验：用同一父母系的同代蝇交尾，产生了两种不同寿命的蝇，寿命长者达 60 天，称"长寿命系统"；寿命短者只有 30 天，称"短寿命系统"。再让这两个不同"系统"的蝇交尾，结果科学家们发现了被认为能决定寿命的遗传基因，他们从"长寿命系统"蝇体内提取出较多出现的一种蛋白质，然后把这种蛋白质混入饵料中，用这种饵料喂过的"短寿命系统"蝇活了 35 天，"长寿命系统"蝇活了 70 天，寿命都有所延长。根据实验结果，日本科学家认为，这种蛋白质是由决定寿命的遗传基因制造的，这种遗传基因当然就是寿命遗传基因，而这种蛋白质也就理所当然地被命名为"寿命蛋白质"。

　　现在，科学家已确认同样的寿命蛋白质在蜜蜂、蚕、老鼠，甚至人体内也都存在。寿命蛋白质对昆虫来说，从幼虫开始在蛹这个阶段出现最多，而对哺乳类动物来说，寿命蛋白质出现在胎儿形成的最初期。对人类来说，在妊娠 6 周的胎儿体内可以发现寿命蛋白质，而到

7周的时候就根本找不到了。由此可见，寿命蛋白质起到了决定动物体形的作用，一旦体形确定，寿命蛋白质便不复存在了。这种寿命蛋白质作为抗原，在各种动物中所起的作用几乎是一样的。从生物化学角度看，蝇和蜜蜂没什么两样。

从上面谈到的蝇体内提取的寿命蛋白质对于种类不同的蜜蜂和老鼠也有延长寿命的作用。把寿命蛋白质掺入衰老老鼠的饮用水中，结果年迈的老鼠居然有了精神而且活得更长久了。科学家们由此认为，寿命蛋白质对于人类也应有同样的作用。还有一个事实：在培养皿中培养的老鼠大脑皮质神经细胞，如不添加血清几天就死亡了，但是一旦加入寿命蛋白质，这种细胞的寿命就延长了。

对于寿命蛋白质是通过怎样的机制发挥作用的，目前科学家们还不大清楚，不过他们认为寿命蛋白质很可能在确定寿命的相当关键的方面起了作用，也有可能刺激了激素分泌起到了延长寿命的作用。

正如前文谈到的，寿命蛋白质是决定寿命的遗传基因制造出来的，它在动物的胎儿期和幼虫期发挥作用，此后便遗留在细胞分裂过程中，对于人类来说是留在皮肤和粘膜等细胞形状的变化过程中，也就是不断生成新细胞的过程中。没有分化的细胞在分化的时候，寿命蛋白质就会起作用，而在已经分化的细胞中，也就是大脑的神经细胞和脏器的实质细胞等不再增殖的细胞中，是找不到寿命蛋白质的。

寿命的遗传基因决定寿命的长短，而决定寿命的遗传基因在动物出生前就在起作用，寿命看来在动物出生之前就确定了。科学家说，人的寿命在120岁左右是可能的，而要长生不老则是不容易办到的事，要是服用寿命蛋白质的话，可能会有所补益。这就像买了一所过了年限的房屋，总想让它更耐久一些一样。既然通过分析遗传基因就可以弄清一个人的实际寿命是可能的，那么是用不负责任的态度对待生命，还是兢兢业业地用好生命的每一天，恐怕就是不能不回答的问题了，这需要我们对现有生活方式来一个再评价——就算有一天能从市场上方便地买到寿命蛋白质食品，但是指望它提高有限寿命中的生活质量是靠不住的。

复活节岛上的新发现

多少年来，人们把复活节岛上的巨型石雕人头像视为最神秘的世界之谜之一。

复活节岛在太平洋上，距离智利西海岸有 3000 多千米。1772 年，一支荷兰舰队在雅可布·罗赫文率领下前往美洲，途中发现了这座小岛。当军舰驶近这座小岛的时候，荷兰水兵们发现，小岛靠近岸边的

地方矗立着很多巨大的石雕人头像，大的足有 10 米高，小的也高达 4.5 米。因为发现这座小岛的那天是复活节，所以他们给这座小岛命名为"复活节岛"。

复活节岛面积只有 120 平方千米，岛上没有树林，在长满青草的山坡上，留有许多火山爆发的痕迹。岛上居民是一些土著人，人口不到 6000。岛上还有 230 多个用巨大石块砌成的墙壁、台阶、石庙、金字塔和类似岸边的巨大人头像。令人不解的是，荷兰人发现复活节岛时，岛上的居民还不懂得使用铁器，甚至连最简单的工具都不会利用，那么他们是在什么时候，为了什么目的，采用什么手段，雕出这些巨大人头像的呢？这些石雕又象征着什么？

200 多年来，各国的探险家和航海家相继来到复活节岛，美国、挪威、苏联、日本等国科学家也曾先后对复活节岛进行考察。遗憾的是，一直没有人能够揭开复活节岛巨大石雕人头像之谜。

有人研究了复活节岛刻有文字的石板后认为，复活节岛原是南太平洋古大陆的一部分，曾拥有灿烂的文明。大约在一二万年前，一场突然爆发的大地震，使这块古大陆连同居住在上面的居民一起沉入了太平洋，但复活节岛却幸免于难。岛上的石雕像和刻有文字的石板，很有可能是古大陆的遗迹。挪威人类文化学家特尔·海尔塔尔却认为，岛上的居民来自较近的南美洲。

1989 年春夏时节，一支法国探险队为了揭开复活节岛之谜，不远万里来到复活节岛。他们从地理、动植物分类、语言学、物理学等各个角度对复活节岛上的人类活动和巨大的石雕人头像等进行了分析，提出了全新的见解。他们认为复活节岛上的居民不是来自南美洲，而是来自遥远的太平洋中部的波利尼西亚群岛。

有人提出疑义：如果复活节岛上的居民不是来自南美洲，那么为什么岛上会有原产南美大陆的甘薯呢？法国科学家们认为：甘薯的果实成熟后重量轻且干缩，可以随海漂到很远的地方。法国科学家还发现，在复活节岛上除了面包树、椰子树、太平洋胡桃树不能在岛上生长外，其他植物种类与波利尼西亚群岛完全相同，由此证明复活节岛居民来自波利尼西亚群岛。

那么波利尼西亚群岛的居民是如何远涉重洋的呢？法国科学家认为，他们利用了葫芦。葫芦质轻且浮力大，其中还可以存入淡水，是理想的漂浮物。复活节岛上的葫芦种子与波利尼西亚岛上的十分相似，连名称都一样。

但是复活节岛上的居民连简单的工具都不会制造，他们是怎样雕出巨大石像的呢？法国科学家为了再现当年的景象，用装满水的葫芦和坚硬的石头在岩石上凿出一个个坑。经过多次重复就可以在岩石上"雕"出形状。他们还用木头和绳子模仿了巨像的搬运过程。但是，这绳和棍也是工具呀。而且"洒水雕刻"的说法也有懈可击，因为在岩石上雕个小坑容易，而要雕成一座五官俱全的、高达10米的石像却是令人难以想象的。

法国科学家们找到的最有希望的线索是一些岛上原始居民遗留下来的木制门牌，上面刻着一些类似文字的符号，这是该岛上独一无二的文字遗物。然而，却没有人能够译读这些符号。也许这些就是揭开复活节岛之谜的关键。

失落的大洲——亚特兰蒂斯

我们都知道，在现有的 3 架美国航天飞机中，有一架称为"亚特兰蒂斯"，意为大西洲。我们也知道，世界 7 大洲中，并没有一块叫作大西洲——亚特兰蒂斯的大陆。那么，亚特兰蒂斯指的是什么呢？值得用这个名称为探索宇宙奥秘的尖兵——航天飞机命名吗？

在远古地球上，确实存在过一块名叫亚特兰蒂斯的古大陆，在这片面积辽阔的古大陆上，曾产生过辉煌灿烂的文明。不幸的是，在一次破坏性极大的灾难中，亚特兰蒂斯沉入了波涛汹涌的大海。在几千年前留下来的一些古代文献中，都提到了这片古大陆和它曾孕育的伟大文明；多少年来，人们一直寻找这块古大陆：在什么地方，后来又沉入到哪一片海洋之中了。

1967 年的一天，美国飞行员科伯尔·布鲁斯正在大西洲巴哈马群岛的北米尼岛低空飞行，突然他发现在水下几米深的地方有一个巨大的长方形物体。布鲁斯的助手德米特里·科比考夫是一位富有经验的潜水探险家，他马上意识到布鲁斯的发现非常重要，他本人不久前也曾在这附近的海域发现过水下有一个长约 400 米的长方形物体。他组成了一个考察队，于 1968 年 8 月前往巴哈马群岛海域进行科学考察，在安德罗斯岛附近海下，他们发现了一座古代的寺庙遗址：长 30 米、宽 25 米，呈长方形。9 月 2 日考察队获得了更重要的发现：他们在比米尼岛附近海下 5 米处发现了一座平坦的岩石大平台，构成这座大平台的岩石虽然大小不一，有厚有薄，但都是经过加工的。考察队从而断定，在遥远的过去，巴哈马群岛一带的海底曾是一座用岩石修筑的大陆城市。

有些科学家还在大西洋底的好几个地方发现了岩石建筑物，其中有防御工事、墙壁、船坞和道路。这些海底建筑物的排列和形状，与传说中的亚特兰蒂斯非常一致。它们完全不是自然形成的。他们认为，这些建筑物显示了当年亚特兰蒂斯大陆的状况。在古巴北部的海域里，科学家发现了一处很大的古代遗迹，像是用大理石建成的。在佛罗里达半岛北部，还发现一座类似金字塔的建筑，探测仪器证明了它是人工建造的。科学家从种种发现加以推测，已经消失了的古代大西洲——亚特兰蒂斯，可能就沉没在波涛滚滚的大西洋底。

科学家们还发现，大西洋深处耸立着一些构造复杂的墙壁，其中一堵墙上还有开口，一些岩石平台和金字塔状建筑物把它们连接起来。在南美洲南部，人们过去看到过有一道堤坝通向海洋，一直绵延、消失在大西洋深处，现在这道堤坝的陆地部分已被毁坏。

1977 年，美国一家海洋研究所的潜水艇，在巴哈马群岛东部 300 千米、水深 2500 米的海底，进行了科学考察。考察人员亲眼见到，在海底坐落着一些古代建筑物的遗迹，它们显然不是自然形成的。

1979 年 9 月 3 日，苏联一家报纸发表文章认为，失落的大西洲就在巴哈马群岛附近的深海底。这篇文章指出，一位波兰摄影师就在巴哈马深海底，拍摄到了一个沉入海底的世界，照片中有石砌的道路、大理石雕像和各种石制物品等。

传说在大西洋中亚速尔群岛的南部，是大西洲人居住的岛屿。当海水清澈、阳光灿烂时，人们可以隐隐约约地看到水下几十米处的一座城市遗迹。在加那利群岛附近海域中，科学家们也发现了海底城市遗迹。1974 年，一支苏联科学考察队在大西洋的马得拉群岛拍摄到用巨大石块砌成的城墙和清晰的阶梯。一位苏联科学家认为，这是明显的人类活动痕迹，这里过去一定是一块干燥的陆地。

越来越多的发现证实，在浩瀚的大西洋中，的确存在过一块大陆，

而这块大陆曾经有过辉煌灿烂的古人类文明。

德国一位著名学者曾率领一支科学考察队，对大西洋的水下遗迹进行考察，结果他认为大西洋中曾经存在过一个有着高度文明的"大西岛国"。一些美国学者于 1969 年 2 月 26 日在比米尼岛附近的海下，发现了许多奇特的石砌建筑物，石块都很巨大，为长方体，整片建筑绵延几百米。学者们研究后认为，这些海底巨石建筑物大约是 1 万年或 1.2 万年前建成的。此后不久，潜水员又在比米尼岛以西的海下，发现了一些大石柱，有的卧倒在海底，有的仍然耸立着。在巴哈马群岛沿海几个地方，人们发现了十多处造形奇特的建筑遗迹，有一些建筑被海生植物掩盖，这些海生植物构成了直线、圆或长方形等各种图案。据测定，附着在海底建筑物上的植物已有 1 万年至 1.2 万年，这与科学家们研究得出的大西洲——亚特兰蒂斯毁灭的时间是一致的。

不少科学家认为，远古的大西洲人，掌握着相当发达的科学文化技术：能够冶炼高纯度的金属，能够不受距离、障碍限制地通讯联系。他们掌握的通讯手段甚至比无线电通讯要先进得多。有些学者还认

为，人类的语言特别是字母文字，就源于大西洲，因为在大西洲遗迹上出土了不少刻有字母的石头。此外，他们还认为，金字塔这种建筑也来源于大西洲。

那么，拥有高度文明和科学技术的"大西岛国"，是怎样毁灭的呢?

一些科学家认为，大西洲是在一万多年前被几乎同时袭来的几次大灾难毁灭的。这些灾难是突然降临的：覆盖地球大片陆地的冰雪融化了，形成了大洪水。大洪水迅速冲击了大陆；大洪水带来的大地震又震撼了大西洲；恰巧这时，又有一颗小行星（它的直径也有上百千米）不偏不斜地撞在大西洲大陆上。这一连串沉重打击，使大西洲彻底毁灭，并沉入海洋。

有位作家曾设想了当灾难降临大西洲时的情景：滔天的巨浪袭来，伴随着震耳欲聋的海啸声。大地震引起了火山爆发，大地在山崩地裂中颤抖，火山熔岩向城市逼近，火山灰将城市掩埋。又一声惊天动地的巨响，一个小行星撞击在大西洲的腹地，大地突然裂开了一道深渊，这道深渊在扩大，同时人们脚下的大地也一块块地碎裂开。汹涌的海浪涌进了深渊，冲击着大西洲的陆地。大地仍在震动着，但是就像知道末日来临一样，这时再也没有巨大的轰响，海水慢慢漫上了陆地、丘陵，慢慢淹没了山脉……只有一天一夜时间，亚特兰蒂斯大陆便永远从地球表面消失了。大海仍然在汹涌，在翻卷，好像什么事情也没有发生过一样。仿佛在说，它从来没有见过这块大陆，也不知道地球上曾有过这么一个拥有高度文明的岛国。

亚特兰蒂斯大陆消失已经一万多年了，我们对这远古文明大陆的毁灭感到惋惜。但值得庆幸的是，自然灾害并没有使人类文明彻底毁灭。就在大西洲毁灭之前，这块大陆的一些居民曾迁移到亚洲、非洲、美洲和欧洲一些地区，把他们掌握的知识和技术传播到全世界。他们带去的知识和技术就像种子，为后来人类战胜大自然开出了艳丽的花朵。

当然，有关亚特兰蒂斯大陆的奥秘，我们还远远没有弄清楚，科学家们仍在努力探索。他们想要把这块古代文明大陆的一切都揭示出来，让这块沉睡在大西洋底的大陆重新恢复生机，为今天的人类文明服务。

史前文明之谜

　　自古以来就有人认为，在人类有文字记载的历史之前，地球上就曾存在过相当发达的文明，这是一种掌握着广泛的、强有力的、智能水平非常高的、极复杂的科学知识的文明。除了在世界上广泛流传的亚特兰蒂斯大陆的史前文明外，还有穆大陆、阿加尔塔、夏恩巴拉、阿尔迪马、斯尔、尤加等文明传说。这些远古文明，与我们今天拥有的文明程度不相上下，有的甚至比今天还要更发达些。只是由于地球突发的大灾难完全摧毁了这些远古文明，以致我们今天很难寻到他们的踪迹。不过在史前文明消失时也有个别幸免于难的人，他们在一片新的大地上定居，那里重又萌发出新的文明。一次偶然的发现，为史前文明的说法提供了证据。1929年，一幅绘在羊皮纸上的地图，在土耳其君士坦丁堡（今伊斯坦布尔）的王宫里被发现，后来成为土耳其海军上将比利·雷斯的收藏品。这幅地图用深浅不一的茶色颜料描绘，是世界上描绘美洲大陆轮廓的最古老地图，一时成了人们的议论话题。据鉴定，这幅地图是1513年绘制的，与16世纪绘制的其他美洲地图明显不同，它几乎准确无误地绘出了南美洲和非洲的经度，而当时的航海家还没有掌握确定经度的科学方法。在这幅古代地图上还描绘了完全被冰雪覆盖的格陵兰岛的地形。该岛地形原是用肉眼看不到的，但古地图描绘的却与今天用科学仪器测绘的地形没有什么区别。那么这幅古代地图的绘制者究竟是怎么知道冰雪下的格陵兰岛地形的呢？

更令人惊叹的是，这幅古地图上，还描绘了南极的部分峡湾和岛屿。我们知道，在 16 世纪，没有任何一个人知道南极这个地方；南极是 1818 年才被人类发现的，而南极全境的地形是 1920 年才被描绘在地图上。何况多少万年来，南极大陆一直都覆盖在冰雪之下，从未显露过真实地貌。

有很多人认为，这幅 16 世纪的地图，是一幅更为古老地图的复制品。有些科学家认为它是 5000 年前的地图，也有人认为它更古老。那

么绘制这幅古老地图的人是谁呢？因为在 5000 年前，人类还在使用石器。

现在人们普遍认为，人类是从原始状态逐步进化成今天这样

的，但是有些科学家对这种看法提出了不同意见。他们说，在比我们想象得更久远的过去，曾有过比今天的我们先进得多的人类。他们举出了许多事实来证实自己的看法，这些事实的确太奇特了。例如：

1851 年 6 月，在美国马萨诸塞州多切斯特会议大厦地基挖掘现场，出土了一件金属制品，这是一件长 16 厘米、宽 11 厘米的钟形物。据亲眼见到这件物品的人说，从光泽来看它像是含有较多锌或银的合金，侧面用纯银镶嵌了六束花枝，下部同样也用纯银镶嵌了葡萄和树枝图案。可以想象，这么精美的雕刻、镶嵌艺术品，必定出自一位技艺超群的工匠之手，可这件器物出自地下 5 米深的砾岩之中。

1891 年 6 月，一位妇女在砸开煤块时，从煤块里露出了一段链条，仔细观察可以看到，这段链条相当牢固地埋藏在煤块之中。根据地质学理论推算，这块煤层形成于至少 28500 万年前。那么是谁制造了这段链条呢？

1961 年，在美国加利福尼亚州，有人在一块石灰岩中，发现了一件与今天汽车上用的火花塞十分相似的物体，不禁大吃一惊。这个物体断面为六角形，其中有与今天使用的火花塞类似的绝缘层和金属芯棒。用 X 光透视发现，这个物体上部残留着已经受到腐蚀的金属和导线。据地质学家考证，这个物体所在的石灰岩，至少存在了 50 万年。

1968 年，一位考古爱好者在美国犹他州发现了一块约 5 厘米宽的化石，上面留有穿着平底鞋的人类足迹，足迹中还可看到三叶虫化石。三叶虫是生存于远古温暖海洋中的小节肢动物，大约在 5 亿年前已经灭绝。

1980 年 4 月，我国一位名叫于振华的科技人员，在青海省人烟稀少的托素湖东岸半岛的砂岩断层上，发现有几根裸露着的金属管残体。经过认真考察，这是一种含铁的金属管。后来他又从岩石中发现大量的非金属管状物和非管状金属物体。学者们估计，这里的砂岩层是 4000 万年前形成的。那么是什么人为了什么目的把金属管子埋入泥沙里呢？有的学者百思不解，认为这是外星人留在地球上的遗迹；有的学者认为，与其说是外星人的遗迹，不如说是远古人类，也就是现代人类之前的人类留下的工程遗迹。

在南美洲也发现了类似遗迹。秘鲁国立大学博物馆里珍藏着一块 3 万年前的石雕，石雕上面表现的是一个古代印第安学者手持一根管状物贴近眼前，在聚精会神地观测天象的情景。这块石雕引起了天文学家的极大兴趣，因为那个印第安人手里拿的管状物，与现代的单筒望远镜非常相似。而我们知道，世界上第一架望远镜是著名的意大利天文学家伽利略在 17 世纪发明的，迄今不过 300 年。那么那个印第安人手里拿的望远镜是 3 万年以前他的同时代人制作的吗？

类似的石刻像在秘鲁国立大学的博物馆里还有一万多块，它们表现了古代印第安人在天文、地理、生物医学等领域里的许多令今天人类难以置信的光辉成就。比如，其中有的石刻表现了连今天医学也不容易办到的大脑移植手术，有精细得连血管都历历在目的心脏手术，有精确的西半球地图，有准确的星图等。遗憾的是，这些高度发达的科学技术都失落了，人类不得不从头学起。

当美国在新墨西哥州沙漠上引爆第一颗原子弹后，沙漠上到处布满沙粒熔成的绿色玻璃状颗粒。当考古学家们了解到这个事实时，他们惊呆了！因为他们在幼发拉底河谷（在今天伊拉克境内）进行考古挖掘时，曾遇到在 8000 年前农耕文化时期的地层下面是更古老的游牧文化时期地层，再往下是人类远古时期穴居时代的地层，随后他们碰上了布满已熔化成绿色玻璃颗粒的土层。一位科学家说，如果绿色玻璃颗粒数量很少，我们可以认为那是用火炉熔化的，但是在那儿发现的玻璃颗粒到处都是；而且发现这一现象的地区不止一个。在苏格兰西海岸，人们发现了一段熔化的城墙，这段城墙似乎是被来自上方的极高温度熔化的。这种史前原子弹是谁投下的呢？

　　对人类之前的史前文明的研究，已经取得了一定成果，但要做出肯定存在史前文明的结论，还为时过早，还必须进行更加细致、艰辛的探索。

挪威渔夫的北极旅行

　　美国专门研究自然之谜的科学家马歇尔·卡尔德纳，曾经写过一本引人入胜的书——《地心旅行》，记叙了一对挪威渔夫父子的奇特经历。名叫奥尔夫·亚森的渔夫和他的儿子，居住在挪威北部位于北极圈内的某个地方。有一年，父子两人乘一艘小小的帆船远航去北方。途中，他们遇到了意想不到的事：船上的罗盘一直指向正北，也就是说船正向北方顺利行进，可是气温却在逐日上升。一天，儿子指着罗盘说："爸爸你看，罗盘好像有点不对头。"说话间，罗盘突然开始指向南方，可船仍在向北行驶。究竟发生了什么事情？渔夫父子环视周围惊愕得说不出话来。不知什么时候，他们头顶的天空消失了，应当是天空的上方却到处是碧蓝碧蓝的海水。亚森父子早就听说过，在北极某处有一个世外桃源，他们于是想到这里或许就是那个世外桃源的入口吧。船继续行进，这时周围环境似乎已近黄昏，他们看不到一丝光亮，仿佛进入了一个黑暗的世界。又过了一会儿，突然，他们眼前出现了奇迹，周围亮如白昼，前方还出现了陆地。他们看到陆地上生长着茂密的植物，还有欢跃奔跑的动物。亚森父子在这个气温怡人的地方住了一年，才驾船南行，返回故乡的渔村。他们回来后对人们说，他们受到地下"巨人"的热诚款待，和睦相处。"巨人"身高有 4 米，会使用各种工具，也饲养动物，种植农作物……在村民和邻居眼里，

亚森父子简直是一对疯子，没有人相信他们的疯话。

　　然而挪威的北极探险家弗里乔夫·南森后来提出在北冰洋底可能存在一个由海水形成的巨大空洞。他从 1893 年 6 月开始，在北冰洋的浮冰上度过了一年半的时光，成为第一个踏入北纬 84 度 41 分的人。他写了一部名为《到达北极》的探险记，描写了发生在北极圈内的许多奇异自然景象，其中提到在北冰洋的冰海中有一片不冻海域。南森解释说，这可能是由于那里洋底的温度较高，加温了海水，从而使这片海域不会结冰。

　　美国极地探险家霍尔也曾在北极进行过 3 次探险，他在一部探险记中提到，他的探险队正沿冰山北上时，发现在大约 7 千米远的地方有一片不冻海域。

　　1906 年，极地研究学家威廉·里德根据南森和霍尔的记述，决定亲眼看看这片不冻海域。他带上够 3 个人食用的物品，乘着狗拉雪橇直奔北极不冻海域的地区。当他接近这片海域时，面前是团团浓雾。在严寒的北极圈内，会有这么大的浓雾，他想这可能是由地球内部流出的温暖空气造成的；也就是说在北极圈内的某个地区，有一个地方能够通过地热把空气加热，而这种热空气又源源不断地泄漏出来，造成了一片不冻海域。

在北极圈内某地驻防的美国军官克利里，曾于 1881 年率领一支探险队到达北纬 83 度 24 分探险，他们在返回到达挪威附近的赫尔卡地峡时，遇到了一个难以理解的奇怪现象：北方的天空是碧蓝碧蓝的海水。起初他们以为这是海市蜃楼现象，可是这里根本不具备出现海市蜃楼现象的自然条件。

克利里给这种"空中的海水"起名叫"水云"。在那一片海面航行的水手，常常能见到这种"水云"，并且可以看到在"水云"中正在航行的船只，他们风趣而逼真地说"船只在空中航行"。

亲眼见到这种"水云"的人都说，这绝不是什么海市蜃楼现象，也不是什么其他大气现象。那末究竟是什么呢？美国军方把"水云"现象列入了秘密研究项目。美国一位名叫巴德的飞行员，曾驾驶飞机至北冰洋海域进行侦察飞行。他像挪威渔夫一样，闯进了通往地球内部的空洞。巴德很想一直往前飞，可是他察觉情况异常，于是连忙掉转机头往回飞，这样他才平安回到真正的大海之上。从仪表上看，他的飞机曾到达地球内部大约 1700 米的深处。他证实了北极地区确实存在着一个巨大的空洞。

今天，许多国家的民航客机频繁地飞往北极上空，尽管飞机就在这个巨大的空洞上空往来穿梭，然而还没有人发现这个通向地球内部的巨大空洞的出入口。人造卫星拍摄的照片显示，北极海域有一片特殊的水域，这里的海水没有结冰，在周围冰雪世界的衬托下，倒是很像一个巨大的洞穴。

至于亚森父子遇到的地下"巨人"究竟怎么回事，有的科学家认为，这可能是已经沉入海底的远古大陆——亚特兰蒂斯大陆或雷姆利亚大陆居民的后裔。传说，远古时候，在雷姆利亚大陆上繁衍生息着一个身躯高大的巨人种族，他们身高达 4 米，与挪威渔夫在"地下"

见到的巨人十分相像。科学家认为，尽管由于强烈地震大陆会沉入海洋，但大陆上的居民肯定会有幸存者；那些在遥远大海上航行的人当然会幸免于难，他们漂到哪里就会在哪里生活下来，这种可能性是有的。

直到今天，仍有一些科学家不知疲倦地在试图揭开北极海域空洞和"巨人"之谜。随着人类科学技术的进步，科学家们一定能对这些待解之谜作出确切的解答。

南美洲地下隧道在哪里

1942 年 3 月，美国卷入第二次世界大战 3 个月后的某一天，美国总统罗斯福从非常繁忙紧张的工作中抽出时间，会见了拉姆夫妇。戴维·拉姆和帕特里西亚夫妇俩都是考古学家，他们刚从墨西哥回来。

在拉姆夫妇回到美国之前，有关方面就听说了他们的惊人发现：他们在墨西哥恰帕斯州发现了传说中守卫墨西哥地下隧道的白皮肤印第安人。与此同时，德国法西斯头子希特勒派出的大批间谍也在南美洲各地紧张寻找，他们不惜一切代价想要找到地下隧道及隐藏在其中的黄金的秘密。

拉姆很早就听说，在恰帕斯州的腹地，存在着早已荒废的玛雅人城市，在这些城市的地下，分布着构成网络的隧道，其中埋藏着数量巨大的财宝。他们此行的目的就是要探明这种传闻的真相。

罗斯福总统迫不及待地把拉姆夫妇召到华盛顿白宫来，是想知道他们是否赶在希特勒之前掌握了地下隧道这一秘密。拉姆夫妇对罗斯福总统说，当他们横穿墨西哥恰帕斯州深密的热带丛林时，突然被一群个子不高的男子团团包围。这些人长得与当地印第安人没什么两样，只是皮肤呈蓝白色。尽管给拉姆夫妇当向导的几个印第安人比这些人高出一头，但是仍惊恐不已。拉姆夫妇镇定下来后，发现这些人并不想伤害自己，他们只是要求两位不速之客立即按原路返回。拉姆精心制定的探险计划破产了，只好空手而回。

　　拉姆遇到的这伙蓝白色皮肤的印第安人，是世代生息在热带丛林中的印第安人的一支，称为"拉肯顿人"。这些印第安人过去守卫着一些大寺庙，那里面住着他们崇拜的"圣人"。他们不让任何外来者靠近这块圣地，否则就要以死相拼。

　　在戴姆·拉姆之后，人们又逐渐了解到一些有关神秘的墨西哥地下隧道的情况。一位在墨西哥和阿根廷度过了大半辈子生涯的英国技师说，在与德雷山脉南侧科里恩德斯以东约 121 千米处，遗留着远古时期的地下城市。这位英国技师还说，在那些建在台地上的建筑废墟里，每当午夜或黎明时分，就传出巨鼓咚咚的声音，那鼓声甚至远在西边的太平洋上也隐约可闻。当地印第安人认为，这种令人恐惧和不

安的鼓声，是从宏伟的地下寺庙传来的。

在亚洲，特别是在印度和中国西藏，自古以来就流传着许多与地下隧道有关的传说。不过，更多的考察报告以及证实地下隧道存在的证据，还是来自美洲大陆。

从西班牙人入侵秘鲁的过程中，可以发现与南美洲地下隧道有关的事实。1526 年，佛朗西斯科·皮萨罗率领一支西班牙侵略军，在南美洲西北海岸登陆。为了找到印加帝国巨大的秘密宝库，他杀死了印加帝国的皇后。他虽然知道这座宝库就在地下隧道之中，但印加人不肯把地下隧道的地点告诉他。

100 多年后，一位西班牙传教士，发现了中美洲危地马拉的一条地下隧道，它似乎与南美洲库斯科地下隧道相连。这条隧道建在一片住宅区的下面，像是用水泥加固而成，长约 50 千米。后来，一位犹太旅行家斯蒂芬斯，通过一位老祭司找到了一处洞穴。据当地印第安人说，从这个洞穴进去，用不了一个小时，就能从危地马拉西部到达墨西哥。在隧道中斯蒂芬斯发现了一座座用石头凿成的尖顶拱门，但由于光线太暗，他没有再继续往前走。向导提醒他"当心"的声音在地下隧道长时间回响。斯蒂芬斯认为，这是美洲大陆最不可思议的谜。

现在，在南美洲秘鲁的库斯科市附近，已经发现一个地下隧道入口：向北可以通向利马，与规模宏大的地下隧道直接相连；向南可以通向玻利维亚。地下隧道的某处与印加帝国王陵相通，墓室上有两扇巧妙安装的暗门，都是用大而厚实的岩石制成。按动一个秘密开关后，暗门会旋转露出通向其他隧道的入口，一个入口通向利马，另一个入口通向玻利维亚。

从地图上看，库斯科距离利马约 600 千米，而库斯科到玻利维亚边境约 450 千米，也就是说绵延在安第斯山脉地下的隧道长达 1000 千米以上。

在秘鲁与玻利维亚边境附近，离提亚瓦纳科不太远的地方，有 3

座山峰，通向利马的地下隧道的一个入口就在其中一座山峰上。曾经有一支建筑工程队在实施爆破时，从崩塌的岩石中意外地发现了地下隧道，他们走入隧道，一直到达了一座墓室附近。不幸的是，由于他们头顶的岩石突然塌落，于是墓室和这支工程队都被埋葬在里面。

现在，人们已经发现了若干个南美洲地下隧道的入口。这些被发现的地下隧道，已被联合国教科文组织列为世界性文化遗产。为了保护地下隧道不被破坏，等待将来科学技术有了更大的发展，人们掌握足够的技术手段再来开掘。秘鲁政府已将被发现的地下隧道入口一一封闭，并严加看守。

对南美洲的地下隧道的存在，人们已不存疑问。现在人们期待的是，一旦彻底揭开地下隧道之谜后，我们也许会把早已失落的玛雅文明和印加文明重新找回，并透彻了解南美洲的古代人类为什么目的和用什么手段开凿出如此规模浩大的地下隧道。